员工安全行为成长历程

像长尾娇鹟一样舞蹈

刘祖德 吴启兵 李鹏飞 著

图书在版编目(CIP)数据

员工安全行为成长历程:像长尾娇鹟一样舞蹈/刘祖德,吴启兵,李鹏飞著.—武汉:中国地质大学出版社,2024.5

ISBN 978-7-5625-5847-7

Ⅰ.①员… Ⅱ.①刘… ②吴… ③李… Ⅲ.①冶金工业-员工-安全行为 Ⅳ.①X931

中国国家版本馆 CIP 数据核字(2024)第 093950 号

员工安全行为成长历程:像长尾娇鹟一样舞蹈	刘祖德 吴启兵 李鹏飞 著
责任编辑:武慧君 选题策划:徐蕾蕾	责任校对:徐蕾蕾
出版发行:中国地质大学出版社(武汉市洪山区鲁磨路388号)	邮政编码:430074
电 话:(027)67883511 传 真:67883580	E-mail:cbb@cug.edu.cn
经 销:全国新华书店	https://www.cugp.cug.edu.cn
开本:787 毫米×1092 毫米 1/16	字数:320 千字 印张:14.75
版次:2024 年 5 月第 1 版	印次:2024 年 5 月第 1 次印刷
印刷:湖北金港彩印有限公司	
ISBN 978-7-5625-5847-7	定价:45.00 元

如有印装质量问题请与印刷厂联系调换

序 一

  18世纪启蒙运动的思想最高峰定格在了伊曼努尔·康德（Immanuel Kant）为世间呈现的著作里。康德认为，作为人的"我"是渺小的，但当"我"举头望星辰时，可作为"现象"生活在宇宙中，揭示整个宇宙运行法则，成为整个宇宙的立法者；当"我"低头扪心反省时，又可作为"本体"超越宇宙，挖掘适用于全人类的道德法则，成为全人类道德的立法者。康德思想的核心就是人们要"敢于运用自己的思想"，而这也恰恰是启蒙运动的核心。

  伴随工业革命一路成长的安全学，经历了人类历史上的4次工业革命。安全学的理论研究思维，也从海因里希（Herbert William Heinrich）的事故致因理论的"直线"因果思维，发展到了霍尔内格尔（Erik Hollnagel）的功能共振分析法的"复杂"系统思维。安全学学习理念在实践上，也从不断提升机器设备的可靠性，发展到了注重塑造企业安全文化和安全理念。

  2019年，国际劳工组织发表了《安全与健康是未来工作的核心》（*Safety and Health at the Heart of the Future of Work*）。该报告公布了一组数字：每年，约有278万劳动者死于生产安全事故和与工作有关的疾病，其中包括因职业病死亡的240万人。此外，还有约3.74亿工人发生非致死性生产安全事故。除经济损失外，这些数字背后还隐藏着其他成本，恶劣的职业安全与健康条件对劳动者造成了难以估量的伤害……而在过去一个世纪的安全学研究和实践已充分证明，这些伤害原本是可以预防和避免的。

  今天，人们发现自己身处在既是"万物立法者"又是"事故受害者"，既是"道德立法者"又是"事故责任者"这一尴尬境地。

  幸运的是，大自然往往是解决人类困惑的宝库。热带雨林中的长尾娇鹟，不仅有着极为鲜亮的羽毛，还有甜美动人的嗓音。然而天生完美的外表和嗓音，并不能在吸引雌性长尾娇鹟这件事上加分。雄性长尾娇鹟要在"师傅"那里学习各种舞蹈，师徒在声音和动作上必须做到十分的和谐完美，一点点瑕疵都会导致观看表演的雌鸟"拂袖"离开。雄性长尾娇鹟作为直接参与者、直接责任者，其后天学习能力受到了严峻挑战。怎么学？从手忙脚乱到有条不紊，要完成的是从个体的努力和勤奋，到群体的相互配合，再到整个生态组织圈的优化。这种认识也让我们在看待自身困境时,有了一种"林尽水源,便得一山,山有小口,仿佛若有光"的感觉。

《员工安全行为成长历程:像长尾娇鹟一样舞蹈》又一次叩响了"如何避免员工发生事故"的大门,按照生产安全事故发生点由近及远的逻辑,从员工个体安全行为、员工群体安全行为、组织安全行为3个层面出发,分别从理念和规范两个维度阐释了安全行为的形成与塑造。

本书成稿得益于两个方面:其一是与中钢集团武汉安全环保研究院有限公司共同完成的"冶金企业员工安全行为评价模型研究及应用"项目,该项目为本书的创作提供了思想素材和思考方向;其二是中钢集团武汉安全环保研究院有限公司吴启兵院长、汪涛正高级工程师、周琪高级工程师、何朋高级工程师、路昊高级工程师,曾经以及现在在结构楼406办公室里办公的年轻人李鹏飞、黄宇、李有标、钱金超、龙镜元、郭耀中、刘晓峰、李金阳等为本书的创作提供了优质的想法和可靠的技术路径,在此一并表示感谢。

由于笔者水平有限,书中难免有疏漏之处,敬请读者批评指正。

刘祖德
2024年5月
鲁磨路南望山

序 二

为什么我们摆脱不了事故

2024年4月12日,中华人民共和国应急管理部新闻发言人在新闻发布会上表示,第一季度,我国安全生产事故总量下降、较大事故起数下降、重特大事故起数下降,事故起数和死亡人数同比分别下降36.9%、27.9%。其中,较大事故同比减少2起、下降2.6%;重特大事故同比减少1起……从数据层面看,我国的生产安全事故虽仍有发生,但呈现出了逐年下降的趋势。

2024年初,国家对安全生产的工作部署明显加强。1月3日召开的全国应急管理工作会议指出:今年是新中国成立75周年,是实现"十四五"规划目标任务的关键一年,做好应急管理工作责任重大、任务艰巨。要坚持人民至上、生命至上,坚持稳中求进工作总基调,坚持高质量发展和高水平安全良性互动,全面抓实安全生产、防灾减灾救灾、应急能力、管理体系固本强基,全力防范化解重大安全风险,深入推进应急管理体系和能力现代化,为以中国式现代化全面推进强国建设、民族复兴伟业作出应急管理新贡献。1月21日,国务院安全委员会为认真贯彻落实习近平总书记关于安全生产系列重要指示精神,进一步夯实安全生产工作基础,从根本上消除事故隐患,有效防范遏制重特大生产安全事故,印发了《安全生产治本攻坚三年行动方案(2024—2026年)》。在3月5日召开的两会(全国人民代表大会和中国人民政治协商会议的统称)上,国务院2024年《政府工作报告》强调:"着力夯实安全生产和防灾减灾救灾基层基础,增强风险防范、应急处置和支撑保障能力。扎实开展安全生产治本攻坚三年行动,加强重点行业领域风险隐患排查整治,压实各方责任,坚决遏制重特大事故发生。"2024年,对于每一个从事安全工作的同仁,又是一个攻坚克难、全力以赴拼搏年,回首看,哪一年又不是呢!

我于20世纪90年代进入武汉钢铁(集团)有限公司,从跟着身边的技术人员接触"劳动保护"这个词开始,到从事"安全生产"管理工作,再到今天带着中钢集团武汉安全环保研究院的专业人员,穿梭在祖国各地冶金企业的作业现场,为安全生产出谋划策,提出解决方案……"安全"对于我,不仅是一项工作内容,更是一个让我深切感受时代脉搏的切入点。冶金企业具有生产规模大、工艺流程长、作业环境复杂、作业人员水平参差不齐、危险作业类别多、危险有害因素种类多等特点。往往在一个冶金企业里，既有依靠网络工具精细到个人的信息化管理，又有分工专业、流程高效的工业化生产，同时有着一群吃苦耐劳的员工……这些都让安全生产的政策和管理在执行落地时，表现出了我们这个时代独有的特点，而所谓的特点，又是从我们看待安全的角度出发的。

近些年来，我总是"在路上"，从一个城市到另一个城市，从一个企业到另一个企业，从一个会议到另一个会议……从一个点到另一个点，虽然工作是在每一个点铺开的，但每次"在路上"都给我提供了一种看世界的新方式。无论是在单位门口扫码骑一辆共享单车，还是开车上下班，我都亲自掌控着自己前进的方向，时刻关注地上的沟沟坎坎、红绿灯、行人……虽自由，但面临的问题都是需要瞬间作出判断和决定的。当我坐在高铁上，在固定的轨道上驰骋时，虽不自由，但大家相互配合，顺利抵达目的地。就算是换乘轮船，虽可能不向着既定的航标前进，但只要大家听从指挥，也可以顺利抵达码头。而与乘坐前面几种交通工具明显不同的是乘坐飞机，所有人在最优化的航线上俯瞰地面时，"全局""整体"这些词都有了较为具体的形象。而对安全的认识，也正需要这样的直面判断、相互配合以及宏观优化的多层次视角，这使得我们认识问题更加立体，解决问题也更加周全。

《员工安全行为成长历程：像长尾娇鹟一样舞蹈》，也力求从员工个体、员工群体、组织3个层面来揭示安全的一些时代特点。笔者在自主研发的员工安全行为评估系统的基础上，收集分析了十余家大、中型冶金企业，30余个分厂、作业区的工作情况，对3万余名岗位员工安全行为进行"一对一"数据测评，关注员工安全行为的特点，从员工安全意识、安全技能、安全态度3个维度出发，分析了影响员工安全行为的一些规律，朝着追寻事故本质这一目标展开研究。

由于安全具有鲜明的时代特点，但笔者自身知识有限，因而书中难免有错漏之处，敬请读者诸君批评指正。

吴启兵

甲辰年立夏

前　言

员工安全行为如何成为可能

> 一种伟大的思想就如同一架梯子，它的作用就在于把人引上屋顶，把人引进一种前所未有的崭新境界，然后抽去梯子，让人们在摆脱了这种思想的巨大影响后，去孤军奋战，去在黑暗中摸索，以发现人类文化的新道路。
>
> ——维特根斯坦（Ludwig Josef Johann Wittgenstein，1889—1951）

天阙象纬逼，云卧衣裳冷。
欲觉闻晨钟，令人发深省。

在 21 世纪的今天，再讨论以"员工安全行为"为焦点的议题，是否仍具有现实意义？这个问题一直萦绕在我的脑海中。

近些年，各行各业在技术上呈现出了革命式的发展，在生产现场自动化水平逐步提高的同时，员工人数在逐步减少。众所周知，安全实践的主体是人，但现在，生产现场的员工少了，甚至很多高危的生产节点不再安排员工，在这种情况下，我们谈"员工安全行为"还有没有必要？其实，问题问到这里，就引出了另一个更尖锐的问题，即在今天工业自动化、智能化的背景下，为安全实践起支撑作用的安全学还有没有必要存在了？

答案是，安全学比以往任何时候都有必要存在。我们做一个极端的假设：生产企业智能化达到极高水平，员工全面退出生产现场。生产在流水线上按部就班地进行着，具有检修功能的机器人在生产线上巡视，及时处理出现耗损、老化或故障的设备，整个生产和维护环节被机器和机器人无缝连接着。机器人管理机器，更高级的智能机器人管理功能单一的机器人……以此类推,但终有一个终点,犹如俄罗斯套娃,一层层揭开,会发现最里面还有一个"套娃"——人类。是人类设计了前面这一系列的场景,是人类掌控着生产现场的节奏,是人类熟知每款机器人的优劣点……这说明在这个假设里,人之所以能从直接的物理环境抽离,是因为人能对生产现场的一切掌控得更加准确,人更加"自由",而这份自由体现在人能"随时"且"绝对安全"地出现在生产现场。

能达到"随时生产"且"绝对安全"的水平源于人对安全科学的准确掌控。对安全学的研究始于20世纪初,研究者致力于从生产安全事故中找出规律,提炼事故致因理论。比如,偏向统计学方法的安全学理论有1919年由格林伍德和伍兹提出的"事故频发倾向理论"和1949年由戈登提出的"事故致因的流行病学理论";偏向力学逻辑的安全学理论有1931年由海因里希提出的"事故因果连锁理论"和1982年由隋鹏程提出的"轨迹交叉理论";偏向员工认知的安全学理论有1969年由瑟利提出的"人失误模型理论"和1998年由霍尔内格尔提出的"人质可靠性和失误分析方法理论";偏向组织管理的安全学理论有1990年由里森提出的"瑞士奶酪模型"、2002年由拉斯穆森提出的"风险管理框架"、2004年由莱文森提出的"系统理论事故模型和流程分析法",以及由霍尔内格尔提出的"功能共振分析法"。

今天,关于事故致因理论的研究仍是安全学发展的前沿阵地。比如,Vierendeels等(2018)在现有的安全文化模型(3E模型、总体安全文化模型、互惠安全文化模型和P2T模型等)基础上研究发现,这些模型涉及的因子都可以归为5个维度(技术、程序、人、行为、培训)、3个领域(技术领域、人领域、组织领域),而这些因子共同组成了组织安全文化的"蛋"。基于此,他们提出了安全文化的鸡蛋聚集模型(the egg aggregated model,简称TEAM),提出了一个企业的安全文化会极大地影响员工的安全行为的观点。再比如,Murata(2021)通过对福岛第一核电站事故风险和危机管理中组织失败的根本原因进行研究,让大家认识到了安全文化背后的群体组织存在的一些客观问题。笔者从2011年福岛核电站事故出发,认为引发这场事故的原因是设计缺陷和设备存在安全隐患,但出现设计缺陷和设备安全隐患却是因为组织在风险和危机管理方面的失败,不仅从文化方面讨论了组织在风险和危机管理方面失败的原因,而且围绕员工们在服从权威、故意盲从、开放安全文化和公正文化等方面的表现给出了自己独到的见解……

科学,为我们提供了认识世界、保护自己的规律,安全学的这些规律被不断结构化、程序化,最终在实践中形成了能满足人类"随时生产"且"绝对安全"要求的生产现场。这些安全知识转化为现场的一个个安全标识、安全说明、安全装置,或者应用于机器,或者由机器人软件承载,恰恰证明了曾经人们对安全学的理性研究,使得他们透过生产安全事故表象看到了安全的本质。从现象到本质，从事实到理论，不仅让我们明白了若干庞杂现象背后一般性通则的重要性，也让我们有信心去管控未来未知的风险。

比如，冶金企业产业链长、工艺复杂、危险有害物质多，存在发生火灾、爆炸、中毒、窒息、高空坠落、物体打击等固有风险。而且，根据冶金企业固有风险及安全生产特点，再结合我国危险化学品企业危险作业管理的要求，冶金企业危险作业可分为危险区域动火作业、进入有限空间作业、盲板抽堵作业、高处作业、吊装作业、断路作业、动土作业、能源介质作业、爆破作业、临时用电作业、交叉作业11个类别。

中华人民共和国应急管理部在2022年7月举行的例行新闻发布会上提到，2022年1—7月，全国共发生各类生产安全事故11 076起、死亡8870人，其中冶金行业发生13起生产安全事故，共造成31人死亡，21人不同程度受伤。冰冷的数字背后都是一个个鲜活的生命。从数字上看，我国安全生产工作任重道远，工业自动化和智能化水平还远未达到让员工完全退出生产现场的程度，"员工安全行为"很有必要谈了再谈，再谈应重在"精细"，重在"人本"。

首先，"精细"来源于更为广泛的跨学科知识。比如，Strayer等（2017）通过集成心理学、计算机科学、医学等知识开展了以"智能手机和驾驶员的认知工作负载：苹果、谷歌和微软智能个人助理的比较"为主题的研究。该研究使用了3种智能个人助理（Siri、Google Now和Cortana）基于语音的交互功能，对比这些语音交互对驾驶员认知工作量的影响。研究中作者进行了2次在郊区道路上驾驶仪表车辆的实验，测量了驾驶员使用不同的智能手机的语音交互功能拨打电话、选择音乐或发送短信时的认知工作量，得出与这些交互相关的认知工作量及在车辆行驶过程中使用智能手机语音交互功能时要谨慎的结论。虽然得出这个研究结论并不意外，但实验显示当人来回切换任务时，似乎存在某种与注意力有关的"宿醉效应"，从而使得"人从一项干扰任务中完全恢复过来需要27s之多"。这一结论不得不让企业在设计任务时，考虑员工本身具有的"变化盲视"的局限性。

其次，"人本"来源于对人性的定量认识。比如，Darley等（1968）研究设计了1个个人听到紧急情况（有1个或4个旁观者也在场）的场景。正如预测的那样，旁观者的存在降低了个人的责任感和报告速度，这被称为"责任分散效应"（diffusion of responsibility）。当只有少部分人目击有人在求救时，在场的每个人都会觉得自己有100%的责任提供帮助，但随着旁观人数增多，这种责任感会分摊到别人身上（假如有10个人同时在场，那么每个人觉得自己只有10%的责任去提供帮助，90%的责任在别人身上）。这个研究结果表明人性是有局限性的。所以当我们策划建设企业的安全文化时，需要从人性的角度考虑。

同时,"人本"还来源于对问题的客观认识。比如,Hendricks等(2012)从2005年得克萨斯州炼油厂爆炸事故和1988年派珀·阿尔法灾难入手研究,发现员工不遵守安全规则和任务程序是事故发生的主要原因。令人不解的是,员工们很清楚安全规则和任务程序不仅有助于他们完成任务,还能在生产中起到安全屏障的作用,但还是经常出现不遵守任务程序的情况。经过实证分析发现,程序质量是比所有其他预测因子(包括个体特征)能更好地预测事故和未遂事件的因子。这说明当埋怨和惩罚员工不遵守安全规则和任务程序时,我们最好先去审核一下这些规则和程序对员工处理具体问题的助力效果……这些由已发生的事故收集到的实验数据,不断地强化着我们对安全的认识,保证员工工作时处于安全状态,抑制生产安全事故的发生。

> 终日题诗诗不成,融融午睡梦频惊。
> 觉来心绪都无事,墙外啼莺一两声。

今日,再次提起"员工安全行为"的话题,是基于以下3个想法。

(1) 从安全理念角度展现人类文明进步,需要更完整的表达。

1919年,格林伍德和伍兹针对英国某弹药厂工人展开了一项有关生产安全事故的统计研究,发现"事故在工人中的分布不均,大部分事故发生在相对较小比例的工人身上",即"事故频发倾向理论"。该理论主要阐述了企业工人中存在着个别人容易发生事故的、稳定的、个人内在倾向的一种独立存在的"人格状态"。企业如果要减少事故,就应对员工进行严格的生理和心理检验,发现事故频发倾向者。直至今日,"事故频发倾向理论"仍影响着企业的安全管理。比如,企业的人力资源部门在招聘员工时会进行各种测试,用这种方式控制进入企业的员工的智力和健康水平。

但,这一现象说明2个问题还未被很好地解决。

首先,安全学的丰硕成果面临"沉默的证据"的尴尬境地。"二战"期间,英军在研究如何降低战斗机被击落的概率时,发现飞行员座舱和飞机尾部的弹孔数量较少,而飞机机翼的弹孔数量较多,指挥官认为应在战斗机的机翼处加装防护装甲,但美国统计学家沃德却认为,应加强飞行员座舱和飞机尾部发动机部分,即要加强战斗机中弹少的部分。被多次击中机翼的战斗机,依然能顺利返航,并不是因为机尾真的不会中弹,而是一旦中弹,根本无法返航。所以,在分析的样本里,根本看不见尾部中弹还能安全返航的战斗机。这些没有办法出现的证据被称为"沉默的证据"。同样,塔勒布(2009)在《黑天鹅》(*The Black Swan*)中指出要过滤掉与我们先入之见不同的证据,提出了"无声证据"这一概念。对于员工安全行为的研究,我们更多地锁定了能进入生产企业的员工,或者能关注员工安全行为的大型企业,这对于员工安全行为规律的提取造成了一定的局限,更为发掘人人参与的"大安全"普适安全规律造成了阻碍,而安全素质是"生命至上,以人为本"安全理念的基础。安全学需要给出一些解释,现在我们已经意识到了"无声证据"的存在,很明显,必须采取一些措施来解决它带来的问题,比如,不完整的预测。

其次,安全学如何应对类似龙勃罗梭"生来犯罪人"的观点。龙勃罗梭(2011)在1876年出版了《犯罪人论》(*L'Uomo Delinquente*)。对罪犯尸体的解剖调查表明,他们的体征与正常人不同,这些体征表现为头骨和下颌的异常尺寸。这是他在对臭名昭著的意大利江洋大盗维莱拉(Giuseppe Villela)进行尸检时想到的。当他观察维莱拉的头骨时,某些特征(特别是枕部的凹陷,他将其命名为枕中窝)让他想起了"劣等种族"和"低等类型的猿类、啮齿动物和鸟类"的头骨。他的结论是:犯罪倾向的主要原因本质上是有机的——遗传是越轨的关键原因。那么对这些符合龙勃罗梭提出的"生来犯罪人"特征的人群,如何在社会中进行管控?难道像希特勒一样为追求人种的纯粹去屠杀犹太人吗?这绝不是一条出路!在20世纪后期,我们看到的是人们改善教育、加强公共秩序和构建道德参数。而今天,我们如何应对具有"事故频发倾向"人格特征的员工呢?直接开除,有悖于"正义",因为他只是符合"事故频发倾向"人格特征,并没有因他的存在而发生生产安全事故。

正如休谟(David Hume)所说:"普世的定律加上特定的事实,才能解释待解释的现象。"而此时,我们对安全行为进行研究的成果既不具备普适性,也没有很好地积累特定的事实,所以在解释这些待解释的现象时就捉襟见肘了。

(2) 在事故空间发展过程中还需要构建以员工安全行为为节点的时间模型。

"安全第一、预防为主、综合治理"的安全生产方针,涉及对安全生产的认识、方法、实践3个方面,这3个方面为我们构建了一个立体的安全管理空间,但我们还应看到,这个空间是面向时间的、面向未来的,即安全方针是用来抑制还未发生的事故的。我国自古就有"宜未雨而绸缪,毋临渴而掘井""居安思危,思则有备,有备无患"等名句警醒世人,但在预防生产安全事故的过程中,长期以来一直存在2个极端的预防视角。一个是采用事故案例和事故致因理论模型所提供的事故发生机理来预防事故,即从负面现象入手,通常被称为安全Ⅰ(SafetyⅠ)(Aven,2022)。但从这个视角出发应对事故比较被动,企业或员工只有面临被归类为不可接受风险时才需要作出反应。需要注意的是,因科技水平的提升,生产安全事故相对于以往有了大幅度减少,当能作为事故的研究样本减少时,我们就不得不从有大量样本的员工安全行为为视角进行考虑了。所以第二个是从在不同作业条件下任务都能圆满完成的能力角度来预防事故,即从正面现象入手,通常被称为安全Ⅱ(SafetyⅡ)。但从这个视角入手在工作实践中没有重点,因为该视角多是从复杂的社会-技术系统角度进行分析,所以从员工安全行为到事故发生的精确机理模型还未建立,并且它也不方便对安全行为进行监控。那么如何有效地解决预防生产安全事故的难题呢?我们可以看到预防视角从 SafetyⅠ转变到 SafetyⅡ是大势所趋,只是在 SafetyⅡ中有一个关键点还未被破解,即以员工安全行为发生时间为节点,从这个节点到可能发生生产安全事故的临界点的过程机制是如何的,这个节点到过去的原始点(即促成员工安全行为的原始因素)的回溯机制又是如何的。这两个"如何"的答案,不仅能使 SafetyⅡ提供构建事故发生机理模型成为可能,而且还能为事故预防提供最初的"起始点"。那么,如何解答,或者说解答过程中能让我们依赖的路径是什么?

苗启明(1990)认为,宇宙世界(即无机自然界)的发展方式是演化,其支配力量是引力与斥力,实体是粒子和天体,时间尺度是亿年;生物世界,即有机自然界的发展方式是进化,其支配力量是生物体与环境的相互作用导致的基因变革,实体是细胞和有机体,时间尺度是万年;人类世界的发展方式则是优化,其支配力量是工具与智力,实体是行为和意识,时间尺度是年……这说明人与自然、人与人的基本生存关系,由盲目的、必然性的统治转化为人类理性的、自觉而合理的调控,从而为人类的合理生存奠定了基础。而理解人类的优化发展方式,为我们解答两个"如何"提供了一个方向,即人类理性,这也符合亚里士多德(Aristotle)的"人是理性的动物"的命题。

责任和行为同在,所以,在安全实践领域,不得不提到的是伴随员工安全行为的安全责任。首先,面向员工的安全责任有两个视角:一个是发生生产安全事故后,对员工应该做而没做或不该做而做了的行为所应承担的责任进行追溯;另一个是在日常工作中,对员工应该做什么或不做什么的预期责任进行描述和框定。可以看出,不论是追溯安全责任还是预期安全责任,暗含的都是条件关系,而不是因果关系。其次,安全责任在逻辑上需要区分理由和原因。安全行为既有其理由(cause),又关乎原因(reason),其中原因导致了某件事发生,理由用于解释这件事。比如,员工 A 是安全的"原因",他平时的安全行为是严格按照安全标准进行的;员工 A 是安全的"理由",在他的工作中没有发生生产安全事故。最后,在安全责任范围内,我们会遇到员工去执行一项工作任务时,发生了生产安全事故,但员工的行为是"好"的,或员工的行为不是安全的,但没有发生事故。这种情形如何追溯员工安全责任?康德(Immanuel Kant)曾说:"在实践领域,道德是判断的唯一准则,而道德是无条件的善。"

无论是员工"人类理性"的安全行为,还是员工的安全责任,都没有考虑"人的有限性"。为了能更准确地、完整地把握员工这一主体,还应考虑员工的"非理性"行为。比如,员工明明知道抽烟不仅有害健康而且厂区有禁烟标识,但仍会抽烟。所以,我们认识员工的本性时,既不能脱离员工的知识、理想、信念、道德等理性活动,也不能撇开员工的本能、欲望、意志、情感等非理性活动。

而以上的分析,都为后续构建以员工安全行为为节点的时间模型厘清了思路。

(3) 在空间横向上不同群体安全秩序比较和时间纵向上员工个体不同安全行为比较两个方面还需提供更多评估数据。

首先,在群体中的员工个体会受到群体的影响。

企业员工会受到环境和周围同事的影响,与此同时,也会影响环境和其他同事。员工会观察周围同事的所作所为,并养成与他们一致的习惯。当员工处于群体环境中时,安全行为会出现从众效应(bandwagon effect)。1987年,美国心理学家阿希(Solomon E. Asch)在《社会心理学》(*Social Psychology*)一书中全面阐述了"线段实验"。结果显示:当群体内有3~4名成员时,从众效应的影响力达到最大;当别人选错误答案时,你有1/3的概率会盲目跟随(Asch,1987)。2013年,一本集合了医学、哲学、社会学、政治学的《大连接:社会网络是如何形成的以及对人类现实行为的影响》出版,克里斯塔斯基(Nicholas A. Christakis)与富勤(James H. Fowler)在该书中提出了"三度影响力原则",即你朋友的朋友的朋友都会对你的行为习惯产生潜移默化的影响。众多的科学研究成果让我们确信员工安全行为深受群体的影响。

其次,在群体中的员工个体对群体的影响。

1976年,英国著名演化生物学家、动物行为学家道金斯(Richard Dawkins)出版了《自私的基因》,他认为人生来是自私的。休谟也曾提出过类似的观点。他认为"人的本性是追求快乐、避免痛苦"。1975年,美国生物学家、社会生物学威尔逊(Edward O. Wilson)的《社会生物学:个体、群体和社会的行为原理与联系》出版,他在书中全面论述了"利他行为",即一个有机体为了拯救其直系亲属而牺牲自己的行为。综合来看,个体主要通过个体的自私和利他两个方面对群体产生影响。当个体处于群体内部时,自私会战胜利他;当个体所在的群体与其他群体竞争时,利他会战胜自私。所以当群体之间的自然选择胜过群体内部的自然选择时,利他行为会传承下来并进一步演化。员工个体在与周围同事组成的群体互动过程中,员工的自私行为会受到安全规范、制度甚至法律的约束,员工的利他行为也会受到岗位责任考核机制的约束。所以,在企业中,员工的自私和利他行为会与群体集体维持的安全秩序进行摩擦并随之调整。

最后,采用第四范式研究群体安全秩序和员工个体安全行为更为精准。

1998年图灵奖得主格雷(Jim Gray)曾将科学技术发展史总结为4个范式(Hey

et al.,2012)：第一范式是经验证据,源于对自然现象的观察和实验总结;第二范式是理论科学,对自然界某些规律作出原理性的解释;第三范式是计算科学,通过计算模型与系统模拟进行复杂过程的科学研究;第四范式是数据科学,即在实验观测、理论推演、计算仿真之后对数据进行驱动的科学研究方式。

2013年,数据科学家迈尔-舍恩伯格等在《大数据时代:生活、工作与思维的大变革》中提出了"大数据"的概念。科研能力再强,也突破不了研究范式的转变,所以我们应该主动拥抱时代的智慧。以科学研究的第四范式研究群体安全秩序和员工个体安全行为,从以前的样本里抽样,转变为以全体总样本为研究对象,这为横向扩展的群体安全秩序和纵向延伸的个体安全行为的评估带来了极大的便利。"大数据"的提出,使得研究粒度更为精细,描述更加真实。这也极大完善了群体安全秩序和员工个体安全行为的定量记录与评估,为回顾群体和个体的历史以及预测未来都提供了可靠资料。

> 空山不见人,但闻人语响。
> 返景入深林,复照青苔上。

笔者主要围绕员工安全行为进行了一些思考,主要角度如前所述。而把思考梳理成章节的目的只有一个,即搭建员工安全行为的知识框架。我们都知道一个人的知识框架结构越合理、越稳固,今后获取并掌握新知识的速度就越快。而孤立的知识是"漂浮"的,所以我们必须用一个完整的知识框架来"捕获"它,使它成为我们这个知识框架的一个节点,并让这个节点和框架里其他节点互相关联,彼此支撑,这样方可实现知识的融会贯通、视角的自由切换。所以,搭建一个员工安全行为的知识框架,是这本书的终极目的。

同时,当下是知识爆炸的时代,多门学科的研究成果与员工安全行为有密切关系,把这些学科的知识纳入知识框架,会"塞"得太满,但不收纳进来,知识框架就会缺少若干强有力的支撑。所以在搭建这个员工安全行为的知识框架时,想通过两个尝试来厘清庞杂跨学科知识"点"与员工安全行为"面"之间的关系。其一,勾画出以"时间"为标志的员工安全行为已有知识的发展痕迹曲线,重彩描绘标志性知识点;其二,还原员工安全行为的发展机制曲线。这样可通过使用这两条动态的线,解决点和面之间的问题。

综上,本书的主要内容如下。

第1章 安全——从感悟到科学,从方法到实践

笔者通过框定安全的研究边界,来框定员工安全行为的研究边界。从1907年美国第一次对工业生活进行重大调查的《匹兹堡调查报告》入手,展示了美国宾夕法尼亚州的匹兹堡钢铁厂的安全生产状况。自此,人们从生产事故的警示中感悟到要用科学的方法分析生产行为,提出有效的安全管理建议和措施。人们在不断积累安全知识的过程中,提炼出了安全理念和原则。那么从理论到工厂安全实践的过程,安全管理随着科技进步节奏的加快,面临着以往安全经验作用降低,机电组件预防事故发生的方法无法预防数字系统和软件引起的事故,生产系统的交互、动态、功能分解、因果关系非线性等方面表现得更加复杂,人们对单个事故的容忍度降低等实践中的新问题,本章对以上内容进行了回望和再认识。

第 2 章 安全行为——逻辑理性与生命情感

通过结构安全行为的内容,呈现个体、群体、组织 3 层安全行为的关系。首先梳理了已有的解释安全行为的观点,介绍驱动行为的动力机制支持学习的著名实验;接着围绕员工安全行为这一核心问题,从行为主义和社会文化观点等方面建立安全的行为管理与提升机制。

第 3 章 个体安全行为——具体且系统

首先,围绕员工个体安全行为,从人-机系统、人-机交互、人的信息处理等方面入手,展现了员工个体在作业过程中遇到的系统问题;其次,在对人-机系统与事故进行分析的基础上,对人为差错进行了分析,进而阐述了人的因素分析与分类系统(human factors analysis and classification system,简称 HFACS)。

第 4 章 群体安全行为——变革和秩序

围绕群体安全行为,在对不确定性和确定性、4 个转变、群体及群体安全行为的理论进行分析的基础上,分析了群体安全的秩序;对安全氛围、安全领导力和自主安全进行了分析。

第 5 章 组织安全行为——开放同传承

围绕组织安全行为,从事故分析模型的 3 次进阶、系统科学看安全行为、复杂性科学看组织 3 个方面入手,对组织安全行为的开放与传承、高可靠性组织、正念组织、弹性组织等方面进行了分析。

第 6 章 安全行为——现实与愿景

再次回到安全行为这一课题,从稳定的——以人为基础、变化的——以技术为基础两个方面对安全行为的理念进行了回顾,进而又对安全行为在现实中表现出的规范性质,按照历史横断面上的安全发展、科技轴上的安全发展进行了梳理和分析,最后提出了未来的愿景。

本书主要内容如图 0-1 所示。

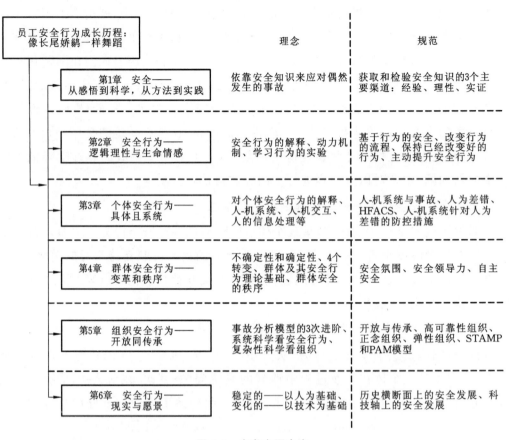

图 0-1 本书主要内容

目 录

第1章 安全——从感悟到科学,从方法到实践 ………………………… (1)
  1.1 引言 ……………………………………………………………………… (1)
  1.2 安全的理念——我们如何对待偶然发生的事故 ……………………… (3)
    1.2.1 关于 accident 的词源解释 ………………………………………… (4)
    1.2.2 《匹兹堡调查报告》 ……………………………………………… (4)
    1.2.3 今天的安全状况 …………………………………………………… (7)
    1.2.4 获取和检验安全知识的3个主要渠道 …………………………… (10)
  1.3 安全的规范——我们如何控制事故 …………………………………… (12)
    1.3.1 基于经验渠道的3个方法 ………………………………………… (13)
    1.3.2 基于理性渠道的3个方法 ………………………………………… (23)
    1.3.3 基于实证渠道的2个方法 ………………………………………… (30)
  1.4 安全的应用——当前安全管理的特点 ………………………………… (34)
    1.4.1 从历史发展的角度看控制事故的方法 ………………………… (34)
    1.4.2 当前安全问题的聚焦 …………………………………………… (40)

第2章 安全行为——逻辑理性与生命情感 ……………………………… (43)
  2.1 引言 ……………………………………………………………………… (43)
  2.2 安全行为的理念 ………………………………………………………… (45)
    2.2.1 安全行为 …………………………………………………………… (45)
    2.2.2 解释安全行为的主要观点 ……………………………………… (50)
    2.2.3 驱动行为的动力机制 …………………………………………… (61)
  2.3 安全行为的规范 ………………………………………………………… (62)
    2.3.1 第一部分1:基于行为的安全 …………………………………… (62)
    2.3.2 第一部分2:改变行为的流程 …………………………………… (72)
    2.3.3 第一部分3:保持已经改变好的安全行为 ……………………… (74)
    2.3.4 第二部分:主动提升安全行为 …………………………………… (75)

第3章 个体安全行为——具体且系统 …………………………………… (78)
  3.1 引言 ……………………………………………………………………… (78)

3.2 个体安全行为理念 ……………………………………………… (80)
  3.2.1 对人的行为的解释 ………………………………………… (80)
  3.2.2 人-机系统 …………………………………………………… (84)
  3.2.3 人-机交互 …………………………………………………… (86)
  3.2.4 人的信息处理 ………………………………………………… (87)
  3.2.5 人-机系统里的人 …………………………………………… (90)
  3.2.6 几个概念辨析 ………………………………………………… (95)
3.3 个体安全行为的规范 …………………………………………… (100)
  3.3.1 人-机系统与事故 …………………………………………… (100)
  3.3.2 人为差错 …………………………………………………… (102)
  3.3.3 人为差错分类的理论基础 ………………………………… (109)
  3.3.4 人的因素分析与分类系统 ………………………………… (117)
  3.3.5 人-机系统针对人为差错的防控措施 …………………… (122)

第4章 群体安全行为——变革和秩序 ……………………………… (124)
4.1 引言 ………………………………………………………………… (124)
4.2 群体安全行为的理念 …………………………………………… (128)
  4.2.1 不确定性和确定性 ………………………………………… (128)
  4.2.2 4个转变 …………………………………………………… (130)
  4.2.3 群体 ………………………………………………………… (140)
  4.2.4 群体安全的秩序 …………………………………………… (147)
4.3 群体安全行为的规范 …………………………………………… (148)
  4.3.1 安全氛围 …………………………………………………… (148)
  4.3.2 安全领导力 ………………………………………………… (151)
  4.3.3 自主安全 …………………………………………………… (154)

第5章 组织的安全行为——开放同传承 …………………………… (159)
5.1 引言 ………………………………………………………………… (159)
5.2 组织安全行为的理念 …………………………………………… (161)
  5.2.1 事故分析模型的3次进阶 ………………………………… (161)
  5.2.2 系统科学看安全行为 ……………………………………… (163)
  5.2.3 复杂性科学看组织 ………………………………………… (170)
5.3 组织安全行为的规范 …………………………………………… (173)
  5.3.1 传承与开放 ………………………………………………… (173)
  5.3.2 高可靠性组织 ……………………………………………… (175)

5.3.3	正念组织 ……………………………………………………	(180)
5.3.4	弹性组织 ……………………………………………………	(183)
5.3.5	STAMP 模型和 FRAM 模型 …………………………………	(185)

第6章 安全行为——现实与愿景 …………………………………… (187)
 6.1 引言 ……………………………………………………………… (187)
 6.2 理念 ……………………………………………………………… (190)
  6.2.1 稳定的——以人为基础 ………………………………… (190)
  6.2.2 变化的——以技术为基础 ……………………………… (194)
 6.3 规范 ……………………………………………………………… (196)
 6.4 未来 ……………………………………………………………… (200)

主要参考文献 ……………………………………………………………… (202)

第 1 章
安全——从感悟到科学，从方法到实践

> 如果地球上的一切都是理性的，那什么也不会发生。
>
> ——陀思妥耶夫斯基（Fyodor Mikhailovich Dostoevsky，1821—1881）

1.1 引 言

1986年1月28日，挑战者号航天飞机升空后，因其右侧固体火箭助推器的O形环密封圈失效，毗邻的外部燃料舱在泄漏出的火焰的高温烧灼下结构失效，使高速飞行中的航天飞机在空气阻力的作用下于发射后的第73秒解体，机上7名宇航员全部罹难，史称挑战者号航天飞机灾难。当天，美国时任总统里根（Ronald Wilson Reagan）发表了演讲，因在纪念死者与提醒听众探索广阔而未知的太空的重要性之间取得的谨慎平衡而受到称赞。其中，他提到了伟大探险家德雷克爵士（Francis Drake）与海洋战斗的一生：他住在海边，死在海边，被埋葬在海边。他认为挑战者号宇航员的奉献与德雷克一样，是彻底的。

1978年，在挑战者号航天飞机灾难发生之前，《人为灾难》（Man-made Disaster）一书出版（Turner，1978），作者认为，灾难是在管理的复杂性和管理体系的结构不良等问题基础上，在建立的社会技术系统中，由人和组织之间的相互作用引起的风险导致的。他还对灾难和事故进行了区分，认为灾难不是通过物理影响来定义的，而是从社会学的角度来定义的，即对现有的文化信仰和规范产生了重大破坏或使之崩溃的事件称为灾难。当组织以某种文化信仰和准则运作时，这些文化信仰和准则就会以正式的各种形式呈现在规则和程序中，或以默认的形式将某些事件定义为理所当然发生的事件，而所有的这些都会内嵌到员工的工作实践中。灾难使人们惊讶地认识到，这些出自文化信仰和准则的假设与"真实"状态之间存有一些关键性的分歧。所以当说起某起事故是一场灾难时，更加偏重的是基于这起事故的发生以及我们的应对措施，让我们深刻认识到现有的知识和理念与"真实"情况有着一定的差距，差距大到让我们深深触动。在分析挑战者号航天飞机灾难发生的原因时，我们忽视了什么呢？

在挑战者号航天飞机发生灾难之后，人们反复思考为什么已成功往返地球9次的挑战者号，在执行第10次任务时，却能"折"在一个小小密封圈上，所有人都想不通，并试图缩短人类现有认知体系和实际之间的差距。1986年4月26日，切尔诺贝利核电站事故发生的原因是安全措施被忽视，反应堆中的铀燃料过热并熔化保护屏障，导致爆炸和火灾，反应堆建筑被摧毁，并向大气释放大量辐射。1991年，国际核安全咨询小组（International Nuclear Safety Advisory Group，简称INSAG）引入"安全文化"一词（International Advisory Committee，1991）。当人们再回过头来思考包括1987年伦敦地铁国王十字站火灾和英国"自由企业先驱号"沉没在内的各种事故发生原因时发现，管理系统的组织结构都存在缺陷，这使安全文化的重要性成为人们关注的焦点。

2000年，英国东英吉利大学的Pidgeon等（2000）对挑战者号航天飞机灾难、切尔诺贝利核电站事故等进行了再分析，认为这些是组织事故。组织事故的源头是那些在平时就处于积累状态的潜在错误和潜伏事件，当这些潜在错误和潜伏事件与文化上认为理所当然的情况不符，并伴随着组织集体智力丧失时，组织事故就会爆发。他们建议将技术与组织失误之间的相互作用作为提高系统安全的关键点。这一结论把事故发生的原因从密封圈这样的有形物质，引到切尔诺贝利核电站事故操作员的安全知识和安全责任，再过渡到安全文化，最后归于组织可靠性的问题……这些意外的灾难和事故一次次突破人类的认知底线，事故原因的存在形式从有形物质到意识，从员工个人的问题到组织的问题，从设备材料的可靠性到某个员工的可靠性再到组织的可靠性……直至把高可靠性组织推向了安全领域的制高点。

今天再回顾这些灾难和事故时，有一对扩散的张力在拉扯着人这一既普通又特殊的生物。一边是人的普通性。人类天生会对让他们恐惧的事物赋予更高的关注度，并默认越令他们恐惧的事物越危险。而实际上，人的恐惧程度并不能代表事物的危险程度，但我们恐惧的本能扭曲了我们的关注点。同时，人类天生对数字敏感，但会忽视规模，所以很多情况下，人只是通过局部推测整个事件，而这会导致系统性的低估或高估。另一边是人的特殊性。2018年，英国经济学家蒂姆·哈福德出版了让其名声大作的《混乱：如何成为失控时代的掌控者》一书。他在书中详细描述了人类对秩序有本能的追求，认为我们所处的世界虽然充满了混乱、无序、无规则，但我们的天性却是希望这个世界充满秩序。人类大脑只有喜欢秩序，才能更好地理解这个世界，而这会让世界反馈给我们确定性和控制感，从而进一步让我们有安全感。所以事故一旦发生，一方面，我们从本能上会极度恐惧并对事故造成的影响进行夸大或缩小；另一方面，渴望知道事故发生原因的本能驱使我们去探索，事故会不会再次发生，这个危险离我们有多近，我们是否已经具备控制这个事故的知识了……人类就是这样矛盾地走到了今天。

2021年9月，世界卫生组织（World Health Organization，简称WHO）和国际劳工组织（International Labour Organization，简称ILO）共同发布了《2000—2016年工作相关疾病和伤害负担联合估计：全球监测报告》（World Health Organization and International Labour Organization，2021），指出2016年有190万人死于与工作相关疾病和伤害，其中非传染性疾病死亡人数占死亡总人数的81%，最主要的死亡原因是慢性阻塞性肺病（45万人死亡）、中风（40万人死亡）和缺血性心脏病（35万人死亡），而职业伤害直接造成了19%的死亡率（36万人死亡）。对于企业而言，这可能会对生产力造成影响，包括永久性损害和员工流动造成的损失。此外，据估计，职业安全和健康问题导致全球每年国内生产总值损失5.4%，影响经济发展。

2022年6月，国际劳工大会（International Labor Conferences，简称ILC）决定将"安全健康的工作环境"纳入国际劳工组织的基本原则和工作权利框架。《职业安全和卫生及工作环境公约》（第155号公约）和《关于促进职业安全与卫生框架公约》（第187号公约）被认定为基本公约。作为基本公约，这两项公约描述了职业安全与健康（occupational safety and health，简称OSH）领域的核心原则和权利，并作为其他职业安全与健康文书中描述的更先进的安全和健康措施的基础。

2023年4月28日，"世界安全生产与健康日"主题活动如期举行，国际劳工组织探讨了安全健康的工作环境作为员工的基本原则和权利的问题，在组织层面引入职业安全卫生管理体系对减少危害、降低风险及对生产力的积极影响现已得到政府、雇主和员工的认可。

1.2 安全的理念——我们如何对待偶然发生的事故

安全理念有其自身发展的规则，也有其发展的规律，我们只是努力揭示其自身发展规则与规律的理性存在者。安全理念的发展史是人对于自身本质认识的一个写照,安全理念是从事故的感性认识中逐渐成长起来的。我们为什么需要安全,安全的使命是什么,安全如何在现实中提供服务……这都是我们需要考虑的基本问题。

1.2.1 关于 accident 的词源解释

安全从事故中来,"事故"一词的英文是 accident,在牛津字典中,被翻译为"①意外和无意发生的不幸事件,通常会导致损坏或伤害;②偶然发生的事件或没有明显或故意原因的事件"。从这个单词的词源可以看出事故的一些特征。在词源中,ac-表示加强,-ci 表示堕落、跌倒、沉没、安定、下降、灭亡等。accident 来自拉丁语 accidentem,意为"一个意外、机会",意思是"超出自然的正常过程,具有偶然性"。

所以,一开始,人们认为事故只是那些非人类直接造成的意外的、通常不受欢迎的事件,同时,事故是偶然发生的,所以"事故"一词意味着任何人都不应该受到指责。

但随着对事故的认识加深,人们发现事故是由没有被识别和没有被解决的风险引起的。比如,一棵树在暴风雨中倒下砸坏了旁边的房屋,进而砸伤了屋中的人。我们会发现,树的倒下可能不是由人类造成的,树的类型、大小、健康状况、位置或维护不当可能才是造成砸伤人这一后果的原因。基于此,大多数意外伤害的研究开始专注于可能造成事故的风险方面,比如如何降低风险的发生率和损害程度。

历史上,记录事故最为完善的文献可能要数《匹兹堡调查报告》。

1.2.2 《匹兹堡调查报告》

20 世纪初,匹兹堡是一个典型的工业城市,以钢铁业为主,员工多为东欧和南欧的移民,市民的生活状况多是工作时间超长、工资短缺,城市还被严重的雾霾笼罩……基于此,当时的一批城市改革者试图从工人阶级、移民生活、工业化及工业化对城市环境的影响等方面,来作出一些改善。

《匹兹堡调查报告》可能是最早对钢铁工人的工作和生活的全面记录,其中对生产安全事故的记录,尤其原始和详尽。报告共由 6 卷组成,第一卷介绍了妇女与行业;第二卷介绍了工作事故和法律;第三卷介绍了钢铁工人;第四卷介绍了宅基地:磨坊镇的房屋;第五卷和第六卷分别介绍了匹兹堡区公民临街和工资收入等内容。其中,第二卷工伤事故和法律的主要内容由 3 部分组成。

第一部分分析了工伤事故的原因。采用了总-分结构，从匹兹堡的年度工人伤亡数据入手，分别对铁路工人、煤矿工人、钢铁工人、其他工人进行了事故情况描述，再进一步分析了工伤事故中的人为因素，最后提出了预防建议。

第二部分描述了工作事故造成的经济负担，涉及员工收入损失、工伤死亡对家庭的影响、受伤工人的赔偿问题等，并在此基础上给出第一部分和第二部分的结论。

第三部分介绍雇主的责任，涉及相关法律、雇主责任的副产品、立法等方面。

在第二卷中，作者详细记录了钢铁行业发生的事故，并在此基础上阐述了事故能在多大程度上得到预防，以及事故的责任落在哪一方才是公正的。

《匹兹堡调查报告》第二卷涉及以下3个主要问题(Eastman,1910)。

1.2.2.1　如何记录事故

其一是按照时间顺序记录。1906—1907年，匹兹堡市阿勒格尼县有526人因工伤事故死亡，数千人受伤，526名遇难者中有195人是钢铁工人……

其二是按照不同类别统计。该方法以1906年7月1日—1907年6月30日为例，根据受伤部位的划分，统计了受伤工人的人数，比如7人失去一条腿，11人失去一只眼睛，5人失去一只手臂，3人失去一只手……根据年龄段统计死亡人数，比如21岁以下有82人，占比为16％；21～30岁有221人，占比为42％；31～40岁有137人，占比为26％；40岁以上有86人，占比为16％……根据工人的出生国统计死亡人数，比如出生于美国的死亡工人有228人，出生于匈牙利的死亡工人有189人，出生于印度的死亡工人有59人，出生于意大利的死亡工人有18人……

其三是对具体案例进行细致描写。作者选择了铁路工人、煤矿工人、钢铁工人、其他工人(主要包括建筑工人、电气工程工人、机械车间工人、铸造厂工人等)4类工人进行了详细描述，比如醉酒的铁路工人，按开采质量计算工资的煤矿工人，在有高炉爆炸风险下作业的钢铁工人，面临高处坠落、物体打击、机械伤害等风险的其他工种的工人……

1.2.2.2　如何看待"事故可以预防"这句话

第一步是"破"，即通过调查，断言"95％的生产安全事故是由于工人的粗心大意"这句话是错误的。主要原因如下。

第一，人的自然有限性决定了事故会发生。在钢铁厂，拥有警觉的头脑被认为是保证安全的第一要求，并且为了保证自己持续的安全，需要头脑保持持续的清醒。虽然警惕是人的本能，但仍有员工倒在事故中，主要因为人受到了两个方面的自然限制：一是人的注意力范围有限，一次只能关注有限的几件事；二是人的注意力持续性有限，一件事只能在有限时间内被注意到。

第二，作业环境对人的影响。在钢铁厂，那些从事危险工作的工人所处的作业环境往往也会分散他们的注意力，如工作的速度和强度、作业场所的高温和噪声、照明不足、厂区没有外文标识（主要针对移民员工的）、生产过程中缺乏必要的信号系统、员工疲劳等，这些因素都会使人本能地降低警觉性。

第三，工作任务对人的影响。钢铁厂存在危险的最大原因之一是工人的工作量太大，同时由于工人按计件工资制发工资，因而在整个工厂运行背景下，所有人是机器生产的一部分，大家必须保持一致的节奏，保证机器处于持续运作的模式，单个工人不能影响整条生产线的工作节奏，所以就会出现一个人不停车就去修理起重机，一个人试图在不减慢传动轴速度的情况下修理皮带等现象。

第四，事故还会因为工人与指挥工人工作的"工头"缺乏合作默契而发生。在410起死亡事故中，有49起是工头的责任，其中的19起是只有工头的责任。有的工头是懦弱型，自己害怕涉险，因此派别人去；有的是勇敢型，自己涉险现场，命令手下的人后退；更常见的是冷漠轻率型，将新员工派到危险岗位上，自己袖手旁观。同时，钢铁厂里的奖金制度，工头对被解雇的恐惧、对升迁的渴望都使他们盲目追求业绩，而不是谨慎行事。

第五，其他一些具体的问题，比如童工问题、女工从事重体力劳动等问题。

在"破"的过程中，通过对工人、工头、事故三者之间的关系进行阐述，发现29%的死亡事故完全归咎于雇主或代表雇主的人。例如：如果在工作场所的最初建造阶段和总的工作计划中明确规划安全措施，就可以避免因缺乏安全措施而造成的死亡事故；雇佣童工从事不适合的工作而造成的死亡事故，如果不雇佣童工，就可以避免；由于设备缺陷而造成的死亡事故，如果更频繁和更仔细地检查并及时修理设备，大多数事故是可以避免的；工头们如果意识到不谨慎保护工人，他们就不能"把事情办好"，那么就会在很大程度上扭转他们冷漠的态度……所以，如果雇主在任何时候都能以预防事故为开展工作的底线，那么这29%的死亡事故大部分可以避免。同时，对于27%的死亡事故完全归因于以往所说的"粗心大意"的工人或他们的同事来说，粗心大意只是表面现象，雇主有相当多的机会可以通过在工厂经营过程中树立积极态度，来改变工人鲁莽行事倾向，如规定上班期间不能饮酒，规定工作时长等。导致事故的原因被概括为以下7条：①缺乏安全措施的系统构建；②长时间的工作；③许多生产线生产速度过快；④工厂检查不充分；⑤未能修复已知缺陷；⑥警报和信号系统有缺陷；⑦对无知的工人指导不足。

在第二步"立"的过程中，对1906年7月—1907年7月间阿勒格尼县发生的工伤事故调查发现，约 1/3 的事故是不可避免的；约 1/3 的事故是工人人性弱点造成的，而这些弱点又因他们的岗位和作业环境表现得更加突出；约 1/3 的事故是雇主没有为工人的安全提供足够的保障而导致的。可以通过以下 3 个方面来预防事故：第一，通过立法对上面提及的导致事故的 7 条原因所涉及的内容进行直接约束；第二，唤起社会的良知，让雇主们意识到预防事故是他们的一项责任；第三，利用公众舆论激励雇主，使他们发挥更有力地控制事故的作用。其中以立法为主。

1.2.2.3 如何保证事故责任归划的公正性

第一，思想意识方面。雇主必须保证工作是以合理的、谨慎的方式进行的，无论是他自己做这项工作，还是由其他人（比如代理人等）完成这项工作，事故责任仍由他承担。这体现了每个人必须以不损害他人权利的方式行使自己权利的基本原则。

第二，具体操作方面。①为预防工伤事故提供最有效的激励，要让雇主意识到事故会给他们带来高额的罚款；②为了更公平地分担工伤事故所造成的经济损失，政府可将每次工伤事故的相当一部分负担，如死伤者直接受影响的家庭负担转移到企业，进而转移到购买者身上；③为了消除现行法律下诉讼造成的资源浪费及人性中的不诚实和恶意，在立法时必须将当事人之间发生争议的可能性降到最低。

1.2.3 今天的安全状况

人类对生产安全事故的认识，大多来自与自然资源有关的生产企业，钢铁企业无疑承载了人们的众多感情。美国的匹兹堡被称为"钢铁之城"，在 1910 年的鼎盛时期，匹兹堡的钢铁产量占美国钢铁总产量的 60% 以上，其生产高峰期是在 20 世纪五六十年代，当时这里的 7 座高炉每天分别生产 1250 吨铁。人们在这里工作和生活，每一起生产安全事故，都会导致死伤者背后的那个用感情维系的家庭支离破碎。

《2021 中国宝武钢铁集团有限公司社会责任报告》公布，2021 年中国宝武钢铁集团有限公司人均产钢 4000 吨（中国宝武钢铁集团有限公司，2022），2009 年武汉钢铁（集团）公司（现为中国宝武武钢集团有限公司）投产的 8 号高炉年产钢 356.19 万吨。

同时，统计生产安全事故发生的相关数据也是了解安全状况的一个基本角度。1912 年，美国国家安全委员会（National Security Council）记录了 18 000～21 000 名工人死于工伤；1913 年，美国劳工统计局（Bureau of Labor Statistics）记录了 3800 万名工人中约有 23 000 名工人死于生产安全事故，相当于每 10 万名工人中有 61 人死于生产安全事故；1933 年，美国国家安全委员会记录了每 10 万名工人中有 37 人因受到与工作相关的意外伤害而死亡；1997 年，美国国家安全委员会记录了每 10 万名工人有 4 人因受到与工作相关的意外伤害而死亡。

《2021 中国宝武钢铁集团有限公司社会责任报告》指出，2019 年公司共有员工 195 434 人，因事故死伤 34 人；2020 年共有 227 007 人，因事故死伤 53 人；2021 年共有 222 595 人，因事故死伤 61 人。所以这 3 年每 10 万人的死伤率分别是 17.397‰、23.347‰、27.404‰。

从 20 世纪初的美国每 10 万名工人中有 61 人死于生产安全事故，到 21 世纪 20 年代，以中国宝武钢铁集团有限公司为代表，将死亡和受伤人数全部纳入，每 10 万名工人中的死伤人数不到 30 人来看，钢铁企业安全水平有了很大的提高，其原因涉及多个方面，但其中很关键的一点是生产企业的生产工艺发生了变化。

钢铁企业从 20 世纪初发展至 21 世纪的今天，生产工艺发生了翻天覆地的变化。从安全角度看，不仅设备材质的可靠性增加，生产工艺也表现出以下特点。

第一，钢铁企业涉及的是复杂的大型集中式能源技术。技术系统的复杂，导致没有人能全面掌握这个系统运行所需的所有知识，而这意味着单个组件的故障可能会影响整个系统，同时单个引发事件（比如雷击或火灾）可能导致多个组件以相同的方式发生故障，更重要的是生产系统的操作员很难预测整个系统的反应，这直接导致了生产安全事故的不可预测性。比如，大型技术系统的任何一个组件都可能在内部发生故障；系统可能因不可预测的事件（如恶劣天气或人为因素）而失效；通常很难诊断出故障的原因，而这直接导致企业很难从失败中吸取教训。

第二，钢铁企业的生产工艺多是紧密耦合的。但既复杂又紧密耦合的生产系统不能应对快速变化的外部环境，系统组件的相互依赖性意味着系统某一部分发生内部故障后往往会产生级联效应，使得事故范围迅速扩大。

第三，钢铁企业生产工艺的复杂性和紧密耦合性，使得组件间的交互作用速度很快。为了保证生产效率，生产多是在自动操作下完成的，但这也导致一旦组件发生故障，故障发生的速度通常比解决问题的速度要快。

匹兹堡钢铁厂是第二次工业革命的产物，在随后的 20 世纪后半期，即第二次世界大战后的第三次工业革命，以及 21 世纪的第四次工业革命，自动化的投入使得员工从最原始的生产方式中解放出来，而人类渴望摆脱劳动的念头，从劳动开始那天就存在了。自动化、智能化，使得生产继续进行，但生产事故大幅减少。员工群体的劳动模式也伴随自动化、智能化的投入发生了根本的变化。员工的劳动（或者说行为）虽然不再繁重，但重复性的行为大幅度增长；身体的负担解脱了，但精神没有获得有意义的成长。所以,"无劳动"的劳动,体现了员工的劳动是一种机械性的操作行为,是没有思想的行为。

为了改善这种被动且重复的劳动模式,工业4.0带来了一些方向性改变。比如,进一步减少重复劳动人员的数量,采用偏向人类认知模式的人工智能,增强人-机界面的友好度等。2015年5月,国务院正式印发《中国制造2025》,标志着我国开始全面推进实施制造强国战略,我国工业进入了利用信息化技术促进产业变革的时代,即智能化时代。自动化、智能化技术被频繁应用于传统钢铁企业,在这个过程中,生产安全事故也表现出了一些新的特点。

第一,引入了新的"故障模式"。人们利用传统的工艺预防组件故障时,会采用冗余的思路,但在数字化的控制系统和软件中采用冗余的思路,不仅是无效的,还会增加复杂性,从而带来风险。

第二,因为依赖导致事故发生的可能性增加。对信息系统的日益依赖,正在增加信息丢失或信息增加导致错误的可能性,而这可能带来不可接受的事故损失。

第三,员工和自动化系统的关系更加复杂。员工与自动化系统共同完成对生产过程的控制,并通过自动化实现决策,从而作出更高级别的决策。这些变化导致了新类型的人为差错(如认知模式的混淆)和新的人为差错分布(如不作为的误差增加)。虽然员工的所有行为都会受到环境的影响,但智能化的生产系统中的操作员,更受制于他们使用的自动化设备,更直接地说,就是设备的操作员更受制于设备设计人员的设计。除此之外,员工与机器之间的交互不足,也成为日益显现的一个大问题。

基于以上钢铁企业工艺的更加复杂化、紧密耦合化,组件间交互速度快速化,自动化和智能化水平提高等特点,钢铁企业的生产安全事故形式介于以下两者之间:前者是20世纪初的生产安全事故表现形式,类似交通事故、吸烟死亡等这种具有系统性、重复性和累积性特点的事故形式;后者是21世纪像挑战者号航天飞机灾难这种大型和单一的灾难,具有不发生则已,发生就是"大事故"的事故表现形式。实际上,钢铁企业的生产安全事故表现形式介于这两个极端事故表现形式之间,且趋向大型、单一的事故表现形式。这就是我们现在见到的,"大事故"偶尔出现,"小事故"仍层出不穷。比如,2011年5月10日6时40分左右,江苏泰州兴化市开发区万恒特钢有限公司铁水翻倒引发中频炉爆炸,钢铁厂的厂房基本被炸毁,事故造成2人死亡,4人受伤;2011年10月5日11时45分,江苏南京钢铁集团有限公司的炼钢厂发生铁水外溢事故,造成12人死亡;2018年10月9日下午,印度恰蒂斯加尔邦比莱钢铁厂发生管道爆炸,造成6名工人死亡,14名工人受伤;当地时间2021年5月

29日下午6时,美国科罗拉多州钢铁厂用于熔化钢铁的电弧炉发生爆炸,导致8人受伤,其中3人重伤……钢铁企业的生产安全事故呈现出"小病不断,大病一发生就致命"的局面。

1.2.4 获取和检验安全知识的3个主要渠道

正如在美国匹兹堡钢铁厂和我国现代的钢铁企业中看到的,工人们的重体力劳动大幅度减少,工作环境和安全状况也得到大幅度改善,但生产安全事故仍在不断发生,我们不得不思考,对事故的真实情况的认知是否有偏差,以及从事故经验中提取出的安全知识是否能成为保证安全生产的"法宝"。

科学世界的真理具有确定的知识形式,同时这个知识自身也不是孤立的,它必须置于一个更大的知识体系中,才会被赋予自身的意义。自然世界中的任何一种现象都必须对应着某个确定的知识,而这个知识又必须纳入一个更大的有关这个世界的整体知识体系之中。比如,在《匹兹堡调查报告》中记录的人从高处坠落造成的死亡事故占总事故的16%,起重机造成的事故中有50%事故导致人员死亡,这些事故大多是绳索或钩子突然出现故障导致重物坠落砸到下面人而发生的物体打击事故……这对应了伽利略物体运动规律中的自由落体现象(高处坠落是人自由落体,物体打击是物体自由落体),而这个知识又被纳入更广泛的牛顿经典物理力学知识体系中。

我们能非常准确地判断诸如牛顿力学体系中的生产安全事故,并给出防止此类事故发生的办法,比如,员工在距坠落高度基准面2米以上的位置工作时要系安全带,如果员工经常要在此处工作,需要在此位置加装防止坠落的栏杆等。所以,在这种"知道-如何"的确定性知识体系下,"知道"科学真理给了我们确定生产现场"是什么"的知识形式,且这个知识形式是唯一的;同时,科学"真理"给我们指出了有关塑造安全"怎么做"的行为模式,即"如何"去实践安全的唯一形式。所以,"知道-如何"的知识体系驱动我们在实践中构建出"知识-行为"构架体系。

同时,在"知识-行为"的实践体系中,我们把生命化的人视为机械化的物,把动态的社会视为静态的机械系统,人和社会的地位被降到自然之下,人们开始用认识自然的手段和方法来认识人和社会。科学技术时代把人自然化,同时也把社会自然化。以这样的视角,从生产安全事故中提取安全知识,主要有3个获取和检验安全知识的渠道。

第一渠道,通过人类的经验获取和检验安全知识。

这里所说的人类的经验,是指来自感官的经验。感官获取的经验,不仅直接来自"自然"状态下的事物,还来自人为创造出的在短时间内能多次被验证的各种科学实验。所以当我们意识到站在起重机下可能会发生重物砸人的事故时,我们的经验会促成一个判断,即不要在起重机起吊重物时在其周边停留,即使要停留也应打起十二分的精神,时刻注意重物。这恰恰是安全知识最初的样子,虽然很稚嫩,但所有我们总结出的直接或间接的经验,都来自于真实发生的事件。

所以,第一渠道,是依靠证据和科学实验来获取和检验安全知识。这样的安全知识,是凭经验的、不确定的(如会有"黑天鹅"事件出现)。

目前,第一渠道下的事故控制方法主要有依靠法律的方法、基于行为的方法、以人为本的方法。

第二渠道,通过人类的理性获取和检验安全知识。

法国哲学家笛卡尔开辟了理性之路,提出了"我思故我在"的哲学命题。该命题成为一个绝对确定的事实,并且以清晰和独特的方式呈现出其本身的理性。笛卡尔的任务就是以"我思故我在"为基础,证明"我是存在的"等一系列其他命题。可见,理性知识的获取基于人类认为现实本身有内在的逻辑结构,所有人类知识都是先验的或预先存在于人类大脑中的,所有的学习都只是对这种内在知识重新理解的过程,人类的直觉(由先验知识推动)为学习所需的演绎过程提供信息。宇宙是由一组基本真理构成的,这些真理为发生的一切提供了信息,是我们凭借理性发现了真理,而不是发明了真理。

所以,第二渠道,是依靠逻辑推理、数学、道德伦理等获取和检验安全知识。这样的安全知识,是基于理论的、确定的。

目前,第二渠道下的事故控制方法主要有基于事故致因理论的方法、基于零伤害理念的方法和基于安全过程的方法。

第三渠道,通过实证方法获取和检验安全知识。

通过实证方法获取是第一渠道中依靠经验获取的一种,但因它采用了理性思维进行假设,与纯粹地依靠经验获取安全知识不同,所以单独成为一个渠道。通过实证方法获取和检验安全知识的前提是认为安全知识,要么逻辑上是正确的,如那些关于数学或语言本质的,要么可以通过实证观察验证。这突出了观察,通过实证方法得到的安全知识只基于直接看到的东西而不是经过推断的东西。观察可以由理性思维构建假设,但这个假设是可以检验的,因此可以被反驳,后续的过程是在补充经验下论证完成的。

目前,第三渠道下的事故控制方法主要有依靠心理安全的方法、依靠社会心理安全的方法。

1.3 安全的规范——我们如何控制事故

安全规范是如何依靠这 3 个渠道与现实工作中出现的安全问题进行互动的呢？我们围绕 8 种方法（表 1-1），从每个方法主要解决的问题入手，展现在安全科学与工程历史发展过程中，各方法的主要代表人物及其思想和相关的常用工具。

表 1-1 控制事故的 8 种方法

3 个渠道	8 个方法	主要解决的问题	主要代表人物或理论	主要解决办法或理论	具体工具
基于经验渠道	依靠法律的方法	如何组织安全	罗本斯、布鲁克斯、布伦特兰	出台更多与工程、技术相关的法律和法规	安全检查表
	基于行为的方法	怎么控制人	斯金纳、杜邦、麦斯温	监督、培训、正负强化	STOP①、B-safe、TOFS②、ASA③
	以人为本的方法	如何将人为差错降至最低	盖勒、里森、拉斯穆森	优先考虑人为因素	安全文化模型
基于理性渠道	基于事故致因理论的方法	事故发生的内部机制是什么	泰勒、海因里希、伯德	对事故进行机械式解构	蝴蝶结模型
	基于零伤害理念的方法	今天的伤亡数字是多少	破窗理论、杜邦	统计事故次数，明确安全目标	安全裕度原则、纵深防御原则
	基于安全过程的方法	组织如何影响安全	里森、霍普金斯、霍尔内格尔	改善组织和领导力	复杂系统的自适应安全管理
基于实证渠道	依靠心理安全的方法	怎样才能让员工有好的安全状态	多拉德	人格与心理分析	自我调节、激励
	依靠社会心理安全的方法	社会如何影响安全决策	韦克	集体正念	安全氛围模型

---

① STOP：全称为 safety training observation program，即安全训练观察计划。
② TOFS：全称为 time out for safety，即安全超时方法。
③ ASA：全称为 advanced safety observation，即高级安全观察方法。

1.3.1 基于经验渠道的 3 个方法

1.3.1.1 依靠法律控制事故

1. 主要解决的问题

依靠法律控制事故,即从制度、规则、标准以及案例的角度看待安全问题,强调的是控制,用强制力控制事故的发生。法律是一套"禁忌目录",告诉我们"不能做什么",与此同时,我们应该认识到不违法不代表行为是正确的。

当我们在安全领域使用这个方法时,需要注意宏观和微观两个视角的协调。宏观视角,是指我们进入一个社会的公共领域,这个领域属于政治生活的空间;微观视角,是指立法的目的是通过调整人与人之间责、权、利的关系,依靠强制力来影响人的行为,所以从目的看,法律最终又落到具体个人身上。那么具体个人如何在私人领域执行公共领域的各项规定,以及公共领域的法律如何顾及所有具体个人的想法,即如何让宏观和微观视角和谐互动,是我们在使用法律进行安全管理前须考虑的,因为这涉及执行的力度。

2. 依靠法律控制事故方法的主要代表人物

1) 罗本斯(Lord Alfred Robens,1912—1999)

20 世纪中期是英国生产安全事故的高发期。每年约有 1000 人死于与工作有关的事故,约有 50 万人受伤。1966 年,在 Aberfan,一块煤炭废料从威尔士采矿村的山腰坠落,造成 28 名成人和 116 名儿童死亡;1968 年 A.J. & S.Stern 家具厂发生火灾,消防通道因防止盗窃而密封,造成 22 名工人死亡(Brooks,2012)……民众陷入了一起又一起死亡频发的生产安全事故所造成的悲伤、恐惧,甚至贫穷中。一方面,为了安全,上班的工人虽不情愿但还是被动遵守着各项要求;另一方面,雇主受资本和契约的约束,需要追求更高产量和更大利润,所以提出了厂内员工应严格遵守的安全规则。与此同时,政府就抑制事故引入了针对矿山、农业、商店、铁路等场所安全的单独法案,并强制在作业现场执行。民众希望工作时是安全的,雇主希望工厂不要因为事故而停产。政府希望公共领域安定和谐,如个人和公司的税收稳定,那就要保证民众和雇主都能按照计划正常和安全地行事,不要因为突如其来的事故打乱公共领域日常运转的秩序。三方都在努力地不让事故发生,但因事故而死亡的人数仍在不断上升,这说明目前三方所实施抑制事故的方法行不通。

就是在这种形势下,1969 年,罗本斯担任工作场所健康与安全委员会主席,1974 年发布了影响至今的《工作健康与安全法》,该法案全面呈现了罗本斯的三大思想。

第一个是简化系统。使用适用于所有工人的单一法案代替"令人纠结和困惑的法规与法规",取消政府的6个安全检查机构,分别在1974年成立了新的健康与安全委员会(Health and Safety Commission,HSC),在1975年成立了健康与安全执行委员会(Health and Safety Executive,HSE),全面管理和协调有关事故的所有安全问题。

第二个是把控制事故的重心从工人们的工作场所转移到工作本身,紧紧抓住工作风险这一关键因素。这带来的实际效果是,雇主需要对每一项工作设定安全目标。为了实现这个目标,雇主需要识别员工工作中潜在的风险,并有效地管理它们。

第三个是由强制执行转变为自我调节。法案体现了自我管制和自愿遵守标准和行为守则的思想,让更多的人参与到控制事故的实践中,让更多的人意识到自己要为自己的安全负责。这个转变的目的是充分调动雇主的积极性和责任感,督促雇主"不等有人敲门就主动去做",而不是等到立法后再被执行,从而把控制生产安全事故的责任扎扎实实落到雇主身上,而不是立法者这里。

此法案颁布后,一种积极主动的、基于系统的健康和安全管理方法——事故和疾病预防方法开始受到行业领导者的青睐。他们开始认识到改善健康和安全绩效的商业案例的力量。

2)布鲁克斯(Thom Brooks,1973—)

2013年,英国杜伦大学的布鲁克斯出版了专著《惩罚:批判性介绍》(*Punishment: A Critical Introduction*),围绕"惩罚"发表了自己的见解。对于安全来说,当生产安全事故越来越成为一个公共事件时,有过错一方理应得到惩罚,这个惩罚主要涉及两个方面。

第一,惩罚必须是法律惩罚,即对犯罪的惩罚应由某个国家实体实施。在考察报复主义、威慑、康复和恢复性正义的基础上,讨论了惩罚的公平程度。

第二,将犯罪视为侵犯权利,统一了有关惩罚的理论,提出了罪与罚有着内在的联系,权利是对我们实质性自由的法律保护,犯罪是对我们权利的侵犯和威胁,惩罚是对犯罪的反应,惩罚的目的是恢复和保护我们的权利。

3)布伦特兰(Gro Harlem Brundtland,1939—)

1987年,世界环境与发展委员会(World Commission on Environment and Development,简称 WCED)的主席布伦特兰发布了《我们共同的未来》(*Our Common Future*),又称《布伦特兰报告》(*Brundtland Report*)(World Commission on Environment and Development,1987),制定了人们普遍理解的可持续发展指导原则,将可持续发展定义为"在不损害后代满足自身需求的能力的情况下满足当前需求的发展"。可持续发展包含两个关键概念：其一是需要的概念，特别是穷人的基本需要，应赋予其压倒一切的优先地位；其二是技术和社会组织应对环境满足当前与未来需求的能力施加限制。

3. 常用工具及其说明

目前，企业在使用法律控制事故时，多采用合规性检查的方法，工具多是安全检查表。这一方面促进了立法机构出台更多的与工程、技术相关的法律法规和标准，另一方面，现场的风险是多样的，太多的法律法规难以得到执行。

1) "风险无法完全消除"与"合理可行"

《马太福音》记载："人若赚得全世界，却赔上自己的生命，有什么益处呢？"意思是，任何近期成就的实际意义，终究取决于某个最高标准，这个标准是衡量任何有用结果的最高准则。在风险管理中，"在合理可行的情况下尽可能低"（as low as reasonably practicable，ALARP）的原则一直在被使用，即从"成本-收益"的角度来看风险，风险是无法完全消除的，因此需要找到一个资源和风险之间的权衡点（ALARP点）。虽然人们为了达到ALARP点进行了成本效益研究，但这是一种主观研究，因为它要求责任人和其他相关人员非常谨慎地进行判断。ALARP点就像风险级别与资源和工作量相交的盈亏平衡点。

当前，ALARP已发展为一种用于降低职业安全风险的方法，ALARP原则假设存在可容忍的风险水平，并要求风险至少低于该水平。"合理可行"决定了如何将风险推向可忽略风险区域，无限量的努力可以将风险降低到无限低的水平，但是无限量的努力实施起来成本也是无限的。因此，ALARP原则假设存在一个足够低的风险水平，以至于"不值得"进一步降低风险，但这与可实现的风险降低量非常不相称。

ALARP代表一个人所面临的累积风险的动态增加。"合理可行"的范围比物理上可能的范围更窄。介于不可容忍风险级别（可容忍性上限）和可忽略风险级别（可容忍性下限）之间的整个区域是ALARP区域。在ALARP层面，进一步降低风险所带来的麻烦、所花费的时间和其他成本是不合理的。但是，只要风险略高于ALARP水平，就有必要降低风险以达到ALARP水平。

同时，"可接受"和"可持续"是一体两面，我们需要把作业风险控制在可接受的"在合理可行的情况下尽可能低"的风险范围内，这与可持续发展的理念是契合的。可持续发展虽然也是追寻满足当前需求的发展，但它是在不损害后代利益的前提下满足自身需求的发展。两者的不同之处是，ALARP更偏重以过去经验为基础，对安全决策进行支持，可持续发展则更加注重从未来向现在看。

目前，在对生产安全事故责任认定过程中，人们又在ALARP基础上提出了"在合理可行的范围内"（so far as is reasonably practicable，简称SFAIRP）准则。

SFAIRP 的提出主要是针对以下情景,即法官质问:"你可能认为风险可以忽略不计,但现在有七人死亡!"SFAIRP 风险控制策略比 ALARP 更进一步,要求人们应用需要实施的所有风险缓解措施,以获得所需的风险水平,无论成本如何。虽然你可以说依据 ALARP 你已经做了足够的工作来降低风险水平,但 SFAIRP 风险评估显示,在风险级别降至足够低之前,你的工作还没有做好。ALARP 风险控制在"合理可行"的水平上提供工作场所安全风险,同时考虑风险评级、纠正措施的成本以及成功降低职业安全健康和安全风险的概率。SFAIRP 要求你继续实施风险缓解措施,直到你确定获得所需的风险级别,无论成本如何。ALARP 允许你主观认为风险级别足够低时停止行动,而 SFAIRP 让你继续行动,直到风险明显降至足够低。

2) 面对"安全法规太多"等问题采用"规则管理"框架

2015 年,美国乔治梅森大学的黑尔教授等提出了一套安全规则管理框架(图 1-1),主要用于解决企业在遵守安全法规方面的一些问题(Hale et al.,2015)。

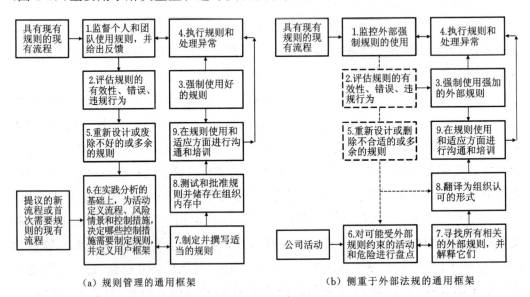

图 1-1 安全规则管理框架

第一个问题,有关安全生产的法规太多了。2011 年,美国企业必须遵守 16.5 页的安全法规,虽然政府一直在检查这些法规是否可以废除、缩小规模或简化,但对于企业来说,安全法规还是太多了。同时,企业的高级安全管理人员 25% 的时间和精力花在了合规上。

第二个问题,在新的法规出台到企业按照新的法规去执行的过程中,成本耗费较大。当政府机构发布新的或修改后的法规时,企业必须花时间研究它是否适用于自己,如果适用,还需要判断企业当前的做法与监管机构强制执行的做法之间是否存在差距。如果没有差距,则监管的初始成本仅限于此发现成本。如果存在差距,企业必须确定自己还必须采取什么行动,以遵守新法规。那么,企业采用新生产方法、重新培训员工或购买新材料和设备可能会产生一些相关的新成本。所以企业会质疑遵守有些法规的收益是否超过了企业花费的相应成本。

第三个问题,法规的出台总是滞后于企业安全方面的新问题。

基于以上背景,黑尔等将从目标到流程(即风险管理)规则,再到详细行动规则的规则层次结构,作为预测受监管者(如员工)的权利和责任的框架,提出了面向企业的安全规则管理框架,以期完善监管细节的同时,又不会出现因放松控制导致的安全水平下降等情况。

1.3.1.2 基于行为控制事故

1. 主要解决的问题

基于行为控制事故的方法,是从行为视角展开的,有以下 4 个关键点。

(1) 行为学认为所有行为都是从周围环境中习得的。即人之所以有某种行为,应暂时不考虑先天或遗传因素,更关注这个人是如何学习到这个行为的,并且认为人和动物的学习是没有根本区别的。

(2) 行为学认为行为是可以测量的。通过对受控行为的观察和测量,能获得经验数据的支持,从而可以预测和控制行为。

(3) 行为学主要关注行为,而不是人的思维和情感等内部因素。接受认知和情绪等内部因素的存在,但只通过可观察的外部行为来客观看待内部因素。

(4) 行为学认为行为是刺激反应的结果。所有的行为,无论多么复杂,都可以简化为简单的"刺激-反应"关联模式。

所以,用行为学的方法控制事故,主要是控制人的危险行为和促进人的安全行为,多以奖励、监控和监管的方式进行事故控制。

2. 主要代表人物

1) 斯金纳(B. F. Skinner)

斯金纳被认为是行为主义之父。他的成果主要涉及以下 3 个方面。

(1) 解释行为。他通过调节在笼子里的设备对鸽子和老鼠进行受控实验,提出了"操作性条件反射"的概念,并认为,人身处充满强化刺激的世界中,当我们在日常生活中遇到这些刺激时,这些操作性条件反射行为要么被加强(增加),要么被削弱(减少)。

(2) 改变原有的行为。他在操作性条件反射行为的基础上,提出了"持续强化"的想法,即每次实验对象作出指定行为时都会收到奖励,以确保行为是连续的。以这个想法为基础进行实验,他发现了周围环境对于一个人作出指定行为有一定的影响。

(3) 在改变原有行为的过程中,是语言事件在影响着人的学习。他通过实验发现,在使用程序化学习的原则(即自定进度,自我管理,以逻辑顺序呈现,并大量重复),以及所谓的教学机器(即提出问题,先让用户给出答案,然后向用户提供正确答案)过程中,强化或奖励(即学习最好通过渐进的步骤完成,并立即强化或奖励学习者)会让学习效果得到加强和促进。

基于行为的安全(behavior-based safety,简称 BBS)方法,就是从斯金纳的早期研究成果(包括各种过程、程序、策略等)发展而来的。BBS 方法不是试图让人们通过动机或态度来改变行为,而是成功地让人们根据某种过程、程序和策略来改变特定的行为。

按照斯金纳的思路,基于行为控制事故的方法(De Pasquale et al.,1999),首先确定一个或多个要改变的关键行为。训练有素的观察者(通常是工业/组织心理学家)研究和记录这些行为,以获得频率、持续时间和速率的测量基线。然后,专家们设计一个 BBS 程序,以使行为朝着有益(即更安全)方向改变。观察者再次记录目标行为的频率、持续时间或速率,比较前后的措施以确定程序的效果。

同时,BBS 方法的成功应用需要遵循以下关键原则(Geller,2005):①将干预重点放在具体的、可观察的行为上;②寻找外部因素理解和改善行为;③使用信号指导行为,并使用后果激励员工;④专注于利用积极的后果(而不是惩罚)来激励行为;⑤使用基于科学的方法测试和改进 BBS 干预措施;⑥不要让科学理论限制改进 BBS 干预的可能性;⑦设计干预措施时要考虑组织内员工的感受和态度。

2) 杜邦(Du Pont)

1995 年,美国杜邦公司开发了安全训练观察计划(safety training observation program,简称 STOP)。这是一项基于行为的安全观察计划,旨在尽量为每个组织的直线经理提供实现卓越安全所需的内容;通过应用 STOP 安全原则和观察技术,培养操作员采取行动改变工人安全行为的能力;培养操作员的观察能力和沟通技巧,使他们能够有效地解决其工作区域中的安全问题;有效应用 STOP 安全原理和观察技术提高安全性能,并在工作区域进行更好的沟通。

3) 麦斯温(Terry E. McSween)

麦斯温是美国的一位行为分析师,还是 Quality Safety Edge 的总裁兼首席执行官,专门从事行为技术的应用研究。1995 年,他出版了《基于价值观的安全过程:用行为方法改善你的安全文化》(*The values-based safety process:improving your safety culture with a behavioral approach*)一书(McSween,1995),围绕基于行为的安全,并以斯金纳成果为基础,展开了包括识别关键行为、观察实际行为并提供反馈、导致行为的改变和改进等方面的研究。

3. 常用工具及其说明

Howard 等(2010)对美国 73 家企业从 1989 年至 1996 年的 20 万工时事故率进

行了研究。1989年至1991年底,这些企业的20万工时事故率维持在8.25的水平,自1992年开始采用基于行为的方法改善员工的操作行为,通过减少员工的不安全动作来预防事故,到了1996年,20万工时事故率降到了3.38,降幅为59%。而美国企业在1989年至1996年,20万工时事故率只从13.28降到了11.00,降幅为17%。这充分说明了基于行为的方法可以有效控制事故的发生。

基于行为的方法控制事故,就是采用监督、培训、正负强化等有关的工具,对员工的行为进行观察和调节。在行为观察方法中,观察者主要有3类,即专门的观察者、由班组成员轮换担当观察者和自己担当观察者。目前,主要有以下常用方法。

(1) B-safe方法是英国库珀公司于20世纪80年代开发的(王成华,2015)。该方法设置了专门的观察者,该观察者在一个行为观察、纠正试验周期内一直担任行为的观察者。在实施观察、纠正试验之前,观察者首先接受咨询人员的培训,帮助被观察者掌握安全动作和不安全动作的识别方法与标准。由于观察者不变,因而这种方法的优点是用一致的标准识别安全与不安全的动作,缺点是被观察者有被监视的感觉,可能在被观察时采取不操作的对抗行为,使观察者观察不到任何行为,结果是不能取得数据。

(2) 安全超时(time out for safety,简称TOFS)方法,是让员工自己观察自己(Choudhry,2014),即员工在进行作业操作时,自己观察自己的操作行为及操作对象,思考是否有自己拿不准的作业方式和物的状态,如果有就立即停下来,以便有时间和机会思考、查阅规程和相关资料,请示、请教领导和同事,从而降低因莽撞行事而产生不安全动作的可能性,避免事故的发生。

(3) 高级安全观察(advanced safety observation,简称ASA)方法,即在每次行为观察、纠正试验中设置一名观察纠正人员,待下一次进行试验时,轮换为另一个观察者的方法,最初用于海上石油作业。

1.3.1.3 以人为本控制事故

1. 主要解决的问题

普罗泰戈拉(Protagoras)认为:人是万物的尺度,是存在者存在的尺度,也是不存在者不存在的尺度。我们对世间万物的认识,来源于人的观察和反思,因此它本质上是主观的。

用"以人为本"的思路控制事故,就是指工业的发展依赖于对员工安全问题的妥善安排和解决,如果连起码的安全都没有关注到,那么任何对工业的管理都是行不通的。所以,不需要什么崇高境界,只是为了维护工业自身的发展,也应该形成和产生价值意义上的"以人为本"的思想。即把人的安全问题解决好,才能"本理则国固"。尊重人的生命、情感、意志、本能的意义和价值,以把人当作世界的本真和最高的存在为出发点,去计划和制订控制事故的方法。

主要解决的问题是，把具体人的安全作为一个整体，我们如何把发生人为错误的概率降至最低。在具体使用该方法时，主要是将安全文化作为"以人为本"实践的载体。

"安全文化"一词出现在1986年切尔诺贝利核电站事故之后关于安全的科学辩论中。国际原子能机构（International Atomic Energy Agency，简称IAEA）的核安全咨询小组认为，核电站不健康的安全文化是引发这场灾难的原因。自此"安全文化"一词开辟了提升安全水平的新领域。

以人为本体现了企业和员工之间的"组织供给"和"个人需求"在安全文化上的一致性，同时更加强调企业与员工之间的文化互补性，而不是简单地将两者锁定在一致性上。众所周知，价值观是组织文化的核心，同样，安全价值观也是组织安全文化的核心。这就带来了一个结果，以人为本的安全价值观成为指导行为的一个假设，团队里所有成员在感知、思考和感受事物时，都是按照以人为本这一价值观展开的。甚至这样的假设，已经被认为是理所当然的。同时，个人价值观相对稳定且难以改变，但组织通常会采取各种措施来塑造员工的安全行为。而这个组织对个人的塑造过程，就是用以人为本的方法控制事故的精髓所在。

2. 主要代表人物

1）盖勒（E. Scott Geller）

盖勒是任职于美国弗吉尼亚理工大学的一位行为心理学家。他认为以人为本的安全涉及基于行为的安全（BBS）、人类和组织绩效（HOP）、人类绩效改进（HPI）、工业心理学、人为因素工程、组织文化变革、领导力发展等领域。同时，应该非常清晰地认识到，员工的行为不是在真空中发生的，员工的安全表现受到工作环境的影响。但可以通过应用以人为本的安全概念和工具，帮助企业建立坚实的安全文化，高度可靠和具有弹性的工作环境，高效和有效的安全管理系统以及授权的员工队伍，使企业能够实现最优的安全绩效。

盖勒（Geller，1994）区分了"人""行为""环境"3个动态和交互的因素，并为全面的安全文化提出了10项基础性原则或价值观：①由员工驱动的安全规则和程序；②基于行为的方法；③关注安全过程而非结果；④一种由激活因子引导、由结果驱动的行为观；⑤专注于取得成功，而不是避免失败；⑥对工作实践的观察和反馈；⑦通过基于行为的指导进行积极反馈；⑧作为关键活动的观察和指导；⑨自尊、归属感、赋权；⑩安全作为优先事项而非价值观的重要性。之后，盖勒（Geller，1996）提出了"全面安全文化"模型，其中包括"安全三位一体"模型，并认识到人、环境和行为之间的动态互动关系，再次倡导构成全面安全文化基础的10项原则或价值观。

2）里森（James T. Reason）

18世纪英国最伟大的诗人蒲柏（Alexander Pope）曾说"犯错是人之常情。"几百年后,这句话依然没有改变。但里森认为"我们不能改变人类的状况,但我们可以改变人类工作的条件"。

里森是英国曼彻斯特大学的心理学名誉教授。他著作颇丰,撰写了有关晕动病、人为错误、航空人为因素、管理组织事故风险、管理维护错误以及不安全行为、事故和英雄康复等方面的图书。

里森出版了在安全界至今仍很有影响力的一书《人为错误》(*Human Error*)(Reason,1990),在书中,他广泛分析了人为错误,并区分了错误和失误。错误是选择目标或指定实现目标的方法的错误,而失误是执行达到目标的预期方法的错误。发生事故是因为人犯错,那么人为什么会犯错,里森从两方面进行了论述。

第一方面是个人方面。广泛和长期的传统作业习惯促使处于现场的员工作出不安全行为(包括错误行为和违规行为)。这些不安全行为主要源于异常的心理过程,如注意力不集中、动机不良、粗心大意、疏忽和鲁莽。针对个人方面的对策,主要是减少人类行为中不必要的可变性。

第二方面是系统方面。系统方面有两个假设前提,第一是即使在最好的组织中,人也是容易犯错的;第二是错误是可以预料的。人犯错误只是后果,是组织"上游"系统性因素导致的,如工作场所中反复出现的错误陷阱及导致错误的组织流程。针对系统方面的对策,也有一个假设前提,即虽然我们无法改变人类的状况,但我们可以改变人类工作的条件。所以,对策主要是围绕系统防御,所有危险技术都需要有保障措施,且当不良事件发生时,需要追究的不是谁犯了错误,而是探明防御失败的原因。

他还提出了组织事故模型,即里森瑞士奶酪模型(Reason's Swiss Cheese Model)。用切片的奶酪来表示系统中的障碍,以及用孔来表示组织的弱点,当奶酪片能被串起时,事故就会发生。

3)拉斯穆森(Jens Rasmussen)

拉斯穆森是丹麦技术大学的一名教授。他在科研过程中,对今天的安全科学领域作出的贡献是举世瞩目的,著有4篇影响深远的论文。

他在1974年发表的论文中预测了认知科学和人类因素的后续发展和趋势(Rasmussen et al.,1974);在1983年发表的论文中提炼了操作系统的功能属性如何与操作员认知处理的不同层次(技能、规则和知识,即SRK框架)相关联的抽象描述层次结构,填补了认知心理学、人为错误在事故研究领域的重要空白(Rasmussen et al.,1983b);在1990年发表的论文中集成了操作员及其认知、控制理论、系统方法三者在事故中的应用(Rasmussen,1990),同时利用控制论、心理学和一系列其他社会科学的方法,搭建起了一个"微观"认知和"宏观"组织这两个层面间的桥梁;在

1997年发表的论文中描述了在一系列不同的抽象和分解层次（如结构和功能）上，根据决策心理学和经济学，以及组织行为学和生态心理学，对复杂的社会技术系统进行建模（Rasmussen，1997）。

3. 常用工具及其说明

在使用以人为本的方法来控制事故时，会优先考虑人为因素。通常是在企业建立安全文化，但如何定量测量建立的安全文化是否能对员工错误行为起到纠正作用，一直是很难的。2007年，Choudhry等（2006）提出了一个以"以人为本"为基础的，且能定量测量的安全文化模型（图1-2）。

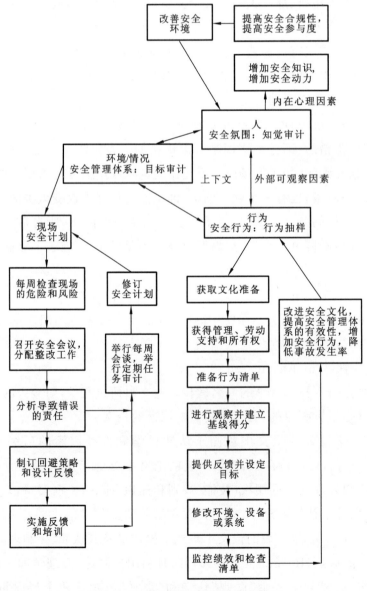

图 1-2　可以定量测量的安全文化模型

该模型包括以下 4 个特点：第一，它集成了安全氛围、基于行为的安全、安全系统 3 个相关概念，从而允许从不同维度单独或组合评价安全文化；第二，它不依赖单一类型的评价工具，而是组合运用多种工具，调查、审计、焦点小组、文件分析等均可以介入评价，这为模型提供了可行性保证；第三，"环境/情境"结构不仅与组织的"情境"有关，还与项目的特定条件有关；第四，这种三角结构相互补充，从而允许对企业安全文化进行多层次分析。这个模型的优点如下：可以对不安全条件进行现场追踪，并可以纠正；员工的行为可以通过 BBS 方法进行定量测量；安全管理体系可以通过项目和现场安全审计来评价，并且员工的看法可以通过安全氛围调查来评价。

1.3.2 基于理性渠道的 3 个方法

1.3.2.1 基于事故致因理论控制事故

1. 主要解决的问题

自 1931 年的海因里希事故因果序列研究开始，各种事故因果关系和预防理论研究都得到了蓬勃发展，事故的原因和后果之间的机制关系开始变得明晰。事故致因理论代表着人类对事故的认识，对事故控制的理论总结。该理论在整个安全管理系统中处于怎样的位置，这是需要明确的。如果把安全管理系统简单地分为 3 个层面，即理论层面、实践层面和标准层面，三者之间的相互作用如图 1-3 所示。

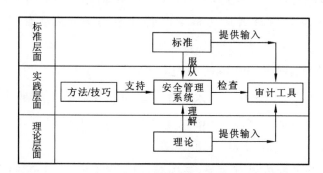

图 1-3 事故致因理论位置图

理论层面与安全管理的正当性、起源和目的有关。这些理论反映了研究人员对安全管理的看法。理论和理论模型支持实际的安全管理系统，因为安全管理系统的基础包括安全、管理和系统，每项都有自己的理论根源。安全涉及不安全结果及其原因，管理与组织安全活动有关，系统提供了建模的框架和逻辑。

实践层面与某些特定的安全管理系统有关，这些系统在公司或特定工厂内运行。它们具有不同的功能，如收集信息、维护（技术）系统或分析风险，也有些是通用的安全管理系统，特别是大型国际公司的安全管理框架。方法、技术和监督工具也在实践层面开发并应用于安全管理系统。这些方法和技术主要支持安全管理系统的实现。安全监督工具基于安全管理系统模型，以评估安全管理系统的有效性或质量。

标准层面与相关部门发布的安全管理系统的指南有关，指南主要包括通用标准和行业特定标准。

使用事故致因理论来控制事故的优势在于事故致因理论可以揭示事故发生机制。这个机制涉及抑制事故的方法、顺序，甚至还有假设和逻辑。

2. 主要代表人物

1）泰勒（Frederick Winslow Taylor）

20 世纪初，泰勒提出了一个旨在获取工人和机器最大工作效率的科学管理系统。在泰勒看来，工厂管理的任务是确定工人完成工作的最佳方式，提供适当的工具和培训，并为良好的绩效提供激励。他将每项工作分解为单独的动作，分析这些动作以确定哪些是必不可少的，并用秒表为工人计时。随着不必要的动作的消除，工人遵循机械式的例行程序，工作变得更加高效。他在《科学管理原理》（*The Principles of Scientific Management*）中，提出了科学管理方法的基本原则，即用基于任务科学研究的方法取代经验法则工作方法；科学选拔、培养、发展每个劳动者，而不是被动地让他们自己学习；与工人合作，确保遵循科学开发的方法；管理者和劳动者几乎平均分工，使管理者运用科学的管理原则来规划工作，劳动者实际执行任务。

2）海因里希（Herbert William Heinrich）

1931 年，海因里希基于在一家大型保险公司工作时收集的事故数据，分析事故原因，提出了"人的不安全行为"（unsafe acts of people）和"机械或物的不安全状态"（unsafe mechanical or physical conditions）。

海因里希最著名的成果有两项，一项是提出了"1∶29∶300"的安全金字塔法则（safety pyramid），另一项是建立了说明事故因果关系的"五张多米诺骨牌模型"（five domino model）。

3）伯德（Frank E. Bird）

安全金字塔法则是，在每一起重大伤害或死亡事故的背后，都会有更多的轻伤和未报告的事故。伯德在海因里希的三角形模型基础上增加了第四层，区分了致命事故和导致工作时间损失的严重伤害事故，更加细致地展示了三角形尖端事故的严重程度。即每发生600次未遂事故就有30起轻伤事故,每发生30起轻伤事故就有10起重伤事故,每发生10起重伤事故就有1人死亡。

安全金字塔法则说明了未遂事故、轻伤、重伤和死亡之间存在统计学关系。企业应该将每个类别的每一次事故发生视为警告,即更严重的伤害即将到来。通过适当监控对安全责任的遵守情况,公司可以大大减少工作场所事故。

3. 常用工具及其说明

使用事故致因理论进行事故控制,是最直接和最可靠的办法,但这只限于已经发生的事故。在控制事故过程中,常采用切断或阻断导致事故发生的逻辑"顺序"。常见的模型是蝴蝶结模型,该模型描述了一个关键事件可能有几个发生前兆和几个后果。在事故致因理论呈现的事故发生机理基础上控制事故,采用蝴蝶结模型(图1-4)时,从左到右有3种选择。

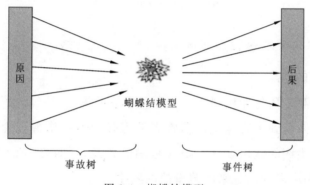

图1-4 蝴蝶结模型

第一种选择是防止关键事件发生,即预防事故。通过阻止先决条件或启动某些因素来影响事故的发生,并不一定需要消除这些因素。目的是试图维持系统的功能并使系统继续运行。

第二种选择是直接或通过替代完全消除关键事件。如用机器人代替人在危险位置工作。

第三种选择是采取了所有预防措施后,关键事件还是发生了,就需要在此时采取偏重保护的措施,如关闭生产系统。目的是保障更大系统的安全,如普通民众等。

在具体执行过程中,以下一些措施可供选择(图1-5)。

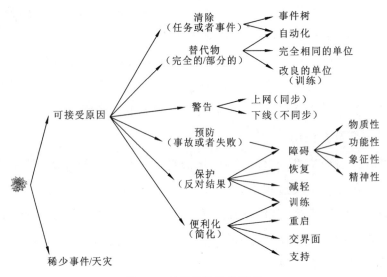

图 1-5　对事故后果的反应

1.3.2.2　基于零伤害理念控制事故

1. 主要解决的问题

零伤害理念源于预防和控制微小失序和事故的策略,该理念因成功降低了生产安全事故发生率而得到了安全生产监督者的青睐。但零伤害理念更具价值的地方是使大家对安全生产的认识得到了最大范围的普及,同时,还把大家的视角引向了结果,鼓励大家采取多种措施来防范事故的发生。

基于零伤害理念来控制事故,主要通过统计事故发生的次数、控制未遂事故甚至各项合规性的检查来实现。终极目的是把生产安全事故发生率降下来。所以,零伤害理念呼吁无论生产作业状态如何,都要追求"零伤害""零事故""零缺陷""零浪费""零污染"等目标,即默认人是完美的的前提下,要求伤害、事故、浪费、污染等发生次数绝对为零。

2. 主要代表理论和人物

1) 破窗理论(Broken Windows Theory)

社会科学家威尔逊(James Wilson)和凯林(George Kelling),根据斯坦福大学心理学家津巴多(Philip Zimbardo)在1969年获得的一项试验研究结果,提出了破窗理论(Wilson et al.,1982),用一扇破窗图像,说明若无人切实地维护,邻里社区可能堕入失序,甚至发生犯罪的境地。他们认为无论社区内的居民多么富有或贫穷,一扇没有被及时修复的破窗很快就会导致更多的窗户被打破。一扇未被及时修复的破窗传递了一个信号,即没有人在乎窗户被打破,因此,打破更多的窗户不需要付出代价。混乱增加了居民的恐慌程度,导致他们减少非正式社会活动的参与次数甚至退出社区。

2) 杜邦(DuPont)

20世纪末,杜邦(DuPont)把"破窗理论"引入安全领域,提出了"零伤害"(zero injury)的安全理念,并制订了实现该目标的路径。杜邦在2002年的安全绩效报告中指出,2002年是自1997年以来安全表现最佳的一年,急性和慢性工伤比例下降了近30%,超过80%的企业在2002年实现零损失工时工伤。此后,零伤害理念长驱直入安全内陆核心,成为很多政府和企业的安全理念之一。

3. 常用工具及其说明

零伤害理念对未遂事故和事故前兆的管理有着积极的作用。

1) 安全裕度原则

安全裕度是土木工程中的一个常见概念。在设计土木工程结构安全系数时,须考虑比承受的预期荷载更大的荷载。以此类推,把安全裕度引入安全管理领域。安全裕度原则成为应对关键危险阈值及在管理系统实际运行中有不确定情况时要遵循的一个原则。

遵循安全裕度原则主要有两个步骤。第一步,估计事故发生的临界危险阈值,并了解特定情况下危险升级的动态。比如,当煤矿甲烷浓度达到5%~15%时(达到"爆炸范围"),所有达到5%的阈值可被视为矿井中的严重危险阈值。第二步,安全裕度原则要求将运行条件和相关危险水平与估计的严重危险阈值或事故触发阈值保持一定的"距离"。

2) 纵深防御原则

纵深防御原则,源于一个与战争相关悠久传统,即重要阵地由多条防线(如护城河、外墙、内壁)保护。在安全管理领域,该原则主要用于帮助管理者在风险知情的情况下作出决策。该原则有3道防线:第一道防线旨在防止事故序列的发生。如果第一道防线的预防功能失效,第二道防线将阻止事故顺序进一步升级。如果第一道和第二道防线失效,第三道防线将遏制事故并减轻其影响,第三道防线的设计和实施基于事故将发生的假设,其潜在的不利后果应最小化。这3道防线构成纵深防御原则及其三大功能,即预防、阻止危险进一步升级、遏制损害或减轻潜在后果。事故通常是由缺乏安全知识、防御不充分或违反防御措施造成的。所以,纵深防御是在事故发生前,通过沿着潜在事故序列故意插入屏障实现的。

1.3.2.3 基于安全过程控制事故

1. 主要解决的问题

基于安全过程控制事故的方法主要是指组织层面的安全管理。组织层面的安全管理，通常将组织视为被动、呆板的"机器"。日常安全管理的重点是识别可能出错的方式，然后通过设置障碍、强调程序、创建冗余系统、监督工作和明确责任分配来寻求防止各种可能的偏差。事故和其他负面事件的数量，如故障、不良事件和泄漏，已被用作考核的安全指标。目前，组织在安全管理方面思考最多的是如何进行安全生产，这就需要分析清楚组织是如何影响安全生产的。

2. 主要代表人物

1）里森（James T.Reason）

1997年，里森出版了《管理组织事故的风险》（*Managing the Risks of Organizational Accidents*）一书（Reason，1997），在书中对个人事故和组织事故进行区分（表1-2）。

表1-2　个人事故和组织事故的区别

个人事故特点	组织事故特点
①经常发生；	①很少发生；
②会造成一定的后果；	②一旦发生会造成大范围的后果；
③很少或没有防御措施；	③有一些防御措施；
④有一些原因；	④有多种原因；
⑤多是滑倒、绊倒、失误；	⑤多需要判断和决策；
⑥短时间内就会发生	⑥在事故发生前有较长时间的"酝酿"

2）霍普金斯（Andrew Hopkins）

霍普金斯是澳大利亚国立大学的一名社会学教授。他讨论了组织权力下放和组织去中心化是如何破坏安全运转的。

所以，组织结构对重大事故风险管理方式是有影响的，而对运行安全功能进行更加集中和独立的设计是降低重大事故风险的基础。高危行业需要了解其工作流程背后的本质，从而建立"组织内部做事方式"的文化。从事后看来，用安全文化缺陷来解释重大事故也很容易。不容易的是提前认识逐渐破坏安全文化特征的组织因素。

霍普金斯提出要建立一个非常强大的职能部门，它独立于业务线，直达组织的最高层，并且有权进行干预以避免相关人员作出可能危及安全的决策。

3）霍尔内格尔（Erik Hollnagel）

霍尔内格尔是南丹麦大学区域健康研究系的教授，著作颇丰。他在"弹性工程"方面的研究主要涉及对失败的可能性保持敏感、弹性工程（包括概念和规则）、联合认知系统（认知系统工程的基础）、障碍和事故预防等方面。

他提出了"弹性工程"这一概念(Hollnagel,2017)。他认为 Safety Ⅰ 被定义为免受不可接受的伤害的自由。因此,传统安全管理的目的是找到确保这种"自由"的方法。但随着社会技术系统日益强大,越来越难以驾驭,这变得更加难以实现。"弹性工程"从一开始就指出,弹性绩效(即组织在预期和意外条件下按要求运作的能力)需要的不仅仅是预防事故的发生,故而发展了对安全的新解释(即 Safety Ⅱ),形成了一种新的安全管理形式。

Safety Ⅱ 将安全管理从保护性安全(即关注事件如何出错)转变为生产性安全,并关注事情如何进行并做得好。Safety Ⅱ 的目标不仅仅是消除危险和故障,还包括更好地开发组织的弹性绩效潜力,包括响应、监控、学习和预测等方式。

3. 常用工具及其说明

基于安全过程控制事故的方法目前主要聚集在"自适应安全管理"方面,因为安全管理涉及管理复杂自适应系统的内容。传统上,我们把组织视为"理性系统",这与现在把系统视为复杂自适应系统是有区别的,最大的区别在于以下几点(Reiman et al.,2015)。

(1)理性系统的组织,主要特征是组织旨在创造稳定性,并且任何重大的"调整"都是由最高层组织指导的。

(2)复杂自适应系统的组织,主要特征是无法详细预测,且组织中的参与者总是在不确定的情况下行动。组织具有通过自然偏离预期,产生新奇事物的内在能力,从而变得更具适应性。意外事件在这里被称为"波动"。

在安全是系统的涌现属性和组织是复杂自适应系统这两个假设基础上,复杂自适应系统安全管理形成了八项原则,如图 1-6 所示。

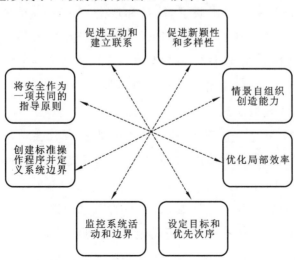

图 1-6　复杂自适应系统安全管理的八项原则

1.3.3　基于实证渠道的 2 个方法

1.3.3.1　基于心理安全控制事故

1. 主要解决的问题

尽管身体伤害更为频繁,但心理伤害或疾病造成的金钱损失和花费的时间成本比身体伤害大约高出 2.7 倍。因为易于识别和管理,所以身体伤害受到了更多关注,而更复杂的社会心理方面往往被忽视。其中,被讨论最多的因素是职业压力,职业压力是个人因应对与工作相关的压力源而产生的体验。一方面,这些认知与压力源的暴露时间有关,只有当应对职业压力的策略失败时,才会形成负面结果。另一方面,如果个人积极看待压力源,那么个人会更加客观看待负面结果。当员工承受更大的职业压力时,企业将面临更低的工作绩效、更大的人员流动性、更高的缺勤率和工作日损失等。压力症状长时间不减轻,可能会对个人的身体和心理健康造成负面影响,如注意力更加分散、更容易倦怠等,这直接影响了员工的安全行为。

所以通过关注员工心理健康来控制事故,重心是关注员工整个人的安全状态。

2. 主要代表人物

多拉德(John Dollard)

弗洛伊德(Sigmund Freud)认为,心理动力学理论和精神分析方法可以解释人类行为。斯金纳对激进行为主义也有同样的认知。多拉德和米勒(Neal Miller)试图将心理动力学理论与学习理论相结合,他们提出的关于挫折和攻击性、社会学习和冲突之间关系的理论是心理学入门的标准主题。

1939 年,多拉德和米勒等出版了《挫折和攻击》(*Frustration and Aggression*)一书。在这本书中,他们分析了弗洛伊德关于挫折导致攻击的思想,提出"挫折-攻击假设"。该假设的核心就是,任何一个人或一个社会团体在追求目标的过程中,遇到某种阻碍后都会产生一种攻击的冲动。机会被剥夺使被剥夺者对剥夺者产生一种情感上的敌意和愤恨。1945 年,他们又合著了《社会学习与模仿》(*Solial Learning and Imitation*)一书,提出关于人格的理论,即社会学习与模仿理论;1950 年,两人再次合著《人格和心理治疗:关于学习、思维、文化的分析》(*Personality and Psychotherapy: An Analysis in terms of Learning, Thinking and Culture*)一书,把弗洛伊德的早期思想与赫尔(Clark L.Hull)的学习理论结合起来,创建了一个结构体系,全面阐释了诸如人格、心理治疗等复杂的论题。

在人类关系研究所工作期间,多拉德的研究有机地综合了精神分析、学习和动机的实验心理学、社会结构的社会学分析,以及文化变异的人类学知识。

3. 常用工具及其说明

通过关注员工个人心理健康来控制事故的方法，主要运用了两种方式，一种是员工从内部进行自我调节，另一种是从外部对员工进行激励。这两种方式是相辅相成的。

自我调节，是理解动机的一个视角，员工的安全参与会提高安全激励水平。同时，"安全动机"这一因子参与到了工作资源与安全行为的关系中。比如，如果员工具备安全知识，有工作资源，但没有动力，则安全行为不太可能被执行。当员工除了相信自己的能力之外，还拥有安全执行任务所需的资源和机会时，员工会有更强的自我意识去控制个人的安全行为。

激励分为两种：一种是奖励报告未遂事故或危险的员工，并鼓励员工参与安全和健康管理系统的维护；另一种是针对伤害和疾病数量减少的情况进行奖励，如在无工伤月结束时奖励员工奖品或奖金。企业在具体实践激励时，涉及3个方面，即制订奖励员工发现工作场所不安全条件的激励计划；制订针对所有员工的培训计划，以加强报告的权利和责任，并强调企业的不报复政策；建立准确评估员工报告伤害和疾病意愿的机制。

1.3.3.2 基于社会心理安全的方法控制事故

1. 主要解决的问题

工作场所的社会心理风险因素不仅与病假、心理健康和心血管问题相关，更与安全相关。在更广泛的社会心理风险因素范围内，某些类型的工作场所行为（比如职业暴力）会造成员工的精神和身体创伤。由于裁员、重组或外包等导致社会心理工作条件的变化可能同时对即时安全和长期安全产生影响，从而导致事故发生。同时，欺凌、高需求和其他社会心理风险也与职业伤害率的升高有关。工作中的骚扰和酗酒，这些显然对健康和安全都有影响。

传统安全是可以通过一种定义为"命令和控制"的方法来管理的。人们被授权在大多数其他业务领域借助创造力和想象力来实现目标。安全目标的设定和安全程序的执行，回旋余地都很小。当这样的管理达到极限时，采用命令和控制方法往往相当于过度管理控制。

如何改善这些因素对员工心理健康的影响？Zohar(1980)引入了安全氛围的概念，提出安全氛围是一种心理现象，通常是指人在特定时期内对环境或组织安全的感知，安全氛围与无形事物密切相关，如情境和环境因素，且安全氛围是一种暂时状态。安全氛围作为间接衡量安全文化和绩效的一个参数，能衡量员工对任何安全管理计划中各种要素的积极和消极看法。

传统上侧重于健康和安全的物理方面的安全氛围已经扩展到包括社会心理的安全氛围（psychosocial safety climate，简称PSC），该氛围侧重于健康与安全的心理方面。PSC主要涉及组织在保护员工心理健康和安全（包括免受心理风险和伤害）方面的政策、做法和程序。

所以，基于社会心理安全来控制事故，主要是利用社会心理学和神经心理学等知识，来分析社会安排对安全决策的影响。

2. 主要代表人物

1）韦克（Karl E. Weick）

美国密歇根大学的韦克提出了要在高可靠性组织里建立"集体正念"（collective mindfulness）的观点（Weick et al.，1999），集体正念就是与不确定性的有意识互动，包括5个组成部分。

第一，高可靠性组织需要全神贯注于失败，员工需要不断地识别失败的标志。尽管在表现较好的生产单位中，错误的发生率并不高，但他们发现错误的能力更强，因为人们更愿意报告和讨论错误。这种发现错误以及报告错误（或预期结果的变体）的能力，在韦克的正念结构中被称为对失败的专注。从重新评估程序到查明潜在错误，再到从过去的错误中学习，高可靠性组织将学习视为一种宝贵的价值观。与学习动力交织在一起的是承认每个员工拥有不完整的知识体系。这样，通过专注于失败来追求知识是一种有意义的实践，有助于维护可靠性。

第二，高可靠性组织不要简化解释。无处不在的"安全""安全观念"或"注意安全"的告诫，在帮助我们理解风险或安全方面没有多大作用，因为它们太过于简化了。鼓励人们通过询问（你有没有注意到任何不同寻常的东西？）来与不确定性互动，然后赞扬他们注意和分享观察到的偏离预期。我们应该提出疑问并向组织提供这些信息，提高人们的警惕性。这使我们能够最大化地利用在注意到偏离预期之后所经历的短暂的清晰时刻。

第三，高可靠性组织需要保持对操作的敏感性。这一原则是指"分享一线信息，以建立一个广泛的、集体的组织目标图景，并采取审慎的步骤，以保持对活动和潜在问题的持续意识"。在每一次互动和执行任务时保持警觉，要求员工充分参与并与无知作斗争。此外，对操作的敏感性使每个员工都有责任监控环境变化，并与抑制脆弱性的倾向作斗争。

上述3个方面有共同特点，即这些都是我们可以预见的，需要想象力，有助于提高警觉性，但也要避免自满，抓住机会进行反复学习。以下的两个方面，即对弹性的承诺、对专业知识的尊重，重点是要坦荡承认出现错误是不可避免的，因为事故与组织的控制能力、弹性和学习都有关系。

第四，高可靠性组织必须致力于弹性。弹性是指从个人、团队和组织层面的失败中恢复过来的能力。虽然高可靠性组织的目标之一是预测所有潜在的失败，但组织并不是在无差错的真空中运行，也不是所有情况都存在警告信号。所以，当意想不到的事情发生时，高可靠性组织必须通过发挥适应力来维持组织的各项功能。弹性要求"交叉训练成员，以增强他们的理解和行动能力为目标，并主动将过去表现（包括错误）中的见解和经验教训应用到当前和未来的运营中"。对弹性的承诺，被描述为"注意已经发生的错误"。弹性承诺的有效性，易犯错的必然性，之所以得到说明，是因为它们依赖于安全文化，即组织允许犯错误。为了让个人和组织从错误中吸取教训，必须有足够的信任来讨论错误。报告和学习被确定为安全文化的关键特征。

第五，高可靠性组织尊重专业知识。尊重知识是为了信息共享，而这更是一种工作实践，需要信念和谦逊。信念使员工认识到自身知识的局限性，谦逊使他们能够找到背景知识更加丰富的人。尽力避免"由于需要快速决策，因而决策被推到最低水平"。除了加快决策速度外，尊重专业知识的正念实践也有助于对抗"中心性谬误"，即误认为组织中处于中心位置的人知道正在发生的一切。

3. 常用工具及其说明

通过关注员工的社会心理来控制事故过程中，提高安全氛围是一个有效工具。安全氛围的"核心维度"主要包括管理层对安全的承诺、主管在安全中的作用、安全规则和程序、个人对健康和安全的责任，以及培训5个方面。所以，提高安全氛围主要通过社会关系实现，鼓励员工积极参与其中，以期让安全氛围起到3个方面的作用。

其一，在组织层面，安全氛围与总可记录伤害率负相关，与事件报告、安全政策和程序、领导风格和激励计划正相关。

其二，在班组层面，安全氛围提高了团队凝聚力和成员的参与度。

其三，在个人层面，安全氛围可以降低错误率，减轻疲劳和工作压力，同时也可提高安全性能水平、风险感知度、信任度、参与度，以及改善安全态度。

安全氛围在与员工个人互动过程中的结构（Bhandari et al., 2022）如图1-7所示。安全氛围代表员工对安全的认知，工作相关风险承受能力代表员工在工作中接受风险的意愿水平，个人风险承受能力代表员工在个人生活中接受风险的意愿水平，而违反与工作相关的安全规则的决定代表了员工在工作场所违反基本安全规则和标准操作程序的频率，表明了他们承担风险的总体倾向。

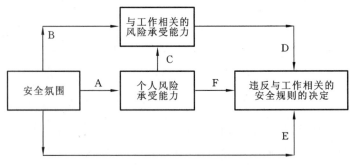

图 1-7 安全氛围与员工个人的互动

1.4 安全的应用——当前安全管理的特点

1.4.1 从历史发展的角度看控制事故的方法

依据获取安全知识的 3 个主要渠道(经验、理性、实证),本书形成了 8 种安全方法及各方法在实践中的工具,如图 1-8 所示。在这 8 种方法和相对应的工具中,所有方法互相联结,犹如拼图。但在安全学的演变发展过程中,这 8 种方法又隶属于不同的发展时代。

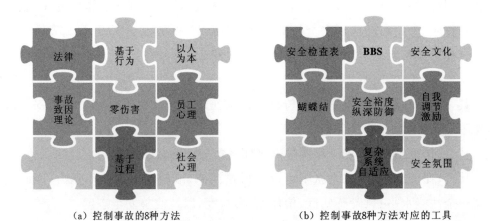

(a) 控制事故的8种方法　　　　(b) 控制事故8种方法对应的工具

图 1-8 控制事故的方法及工具

安全学的演变,主要经历了 4 个时代,如图 1-9 所示,该图是在霍尔内格尔理论的基础上结合莱维森理论形成的(Martinetti et al.,2019)。

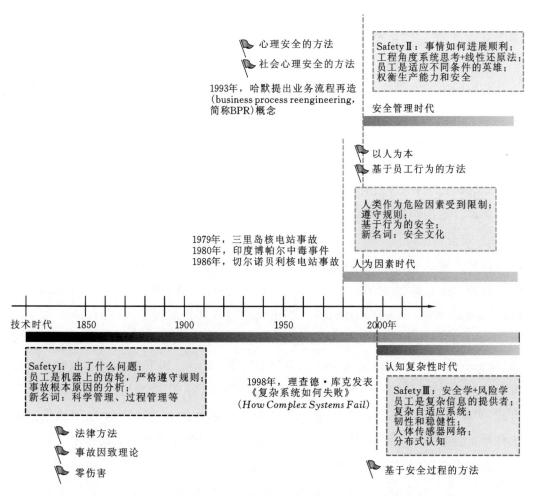

图 1-9 安全学演变发展

1)技术时代

技术时代可以认为是从简单的石器到自 20 世纪 80 年代以来出现的复杂的基因工程和信息技术的时间跨越。1912 年泰勒出版了《科学管理原理》(*The Principles of Scientific Management*),认为科学管理的根本目的是谋求最高劳动生产率,达到最高的工作效率的重要手段是用科学化的、标准化的管理方法代替经验管理,而最佳的管理方法是任务管理法。1916 年,被尊称为"管理过程论之父"的法约尔出版了《工业管理与一般管理》(*General and Industrial Management*),强调集权和职能化的组织结构,强调以严明的制度和纪律对人进行监督,和泰勒一样突出管理的机械模式。员工被视为机器的齿轮,被认为容易出错,因此必须防止工人的失误导致生产线停运。重点是避免出现问题,并尽可能减少不良结果的数量。在安全管理的工作中,多记录因事故导致的时间损失和员工死伤情况。

霍尔内格尔将这种相对消极的安全理念称为 Safety Ⅰ。他认为虽然这些安全理念有缺点，但它们在当时满足了组织员工高效完成工作的巨大需求。

2）人为因素时代

此阶段生产力飙升，但人类自身的不完美限制了生产的发展。1979 年 3 月 28 日美国三里岛核电站事故和 1986 年 4 月 26 日苏联切尔诺贝利核电站事故，给人们敲响了警钟，使人们更加关注人类自身的易错性。1990 年，森格出版了《第五项纪律》(The Fifth Discipline)，标志着系统思维的到来。

此时，员工的待遇相对稍微好一点，他们不再被当作齿轮。企业可以通过规则、检查和审计来控制危险。

3）安全管理时代

这是企业从工程角度进行系统思考的时代。

1990 年，哈默发表了《重新设计工作：不要自动化，要抹杀》(Reengineering Work: Don't Automate, Obliterate)，提出仅仅靠自动化流程是不够的；1993 年又出版了《重新设计公司》(Reengineering the Corporation)，正式提出了"业务流程再造"(business process reengineering，简称 BPR)的概念。BPR 的本质是鼓励过程思维，将焦点从任务转移到过程，然后删除所有不能为客户创造价值的过程，通过这种方式，实现仅用于成本、效率、质量和服务等绩效标准的改进。BPR 应用线性还原法将系统分解为 3 个部分，即人员、流程和技术，为安全管理提供了新角度。

霍尔内格尔依据 BPR 思想，提出了尽管在事故调查上已花费了很多时间和金钱，生产安全事故也在逐渐变少，但我们仍应保留需要在生产安全上去追求积极主动的学习方式，如从正确的事情中学习。所以，他引入了 Safety Ⅱ。同时，他也承认员工无法控制一切，需要一种解决方法来完成工作。因此，"性能可变性"的想法诞生了，即员工不是危险因素，而是英雄，可以改变工作表现以适应作业环境中不断变化的条件。

4）认知复杂性时代

基于认知和复杂性科学的新研究成果展现出的时代特点，再次改变了人们对安全的思考方式。所有组织都被视为复杂自适应系统(complex adaptive system，简称 CAS)，安全性是 CAS 的涌现性，人类不会创造安全，但 CAS 的组分可以为产生安全创造条件，如组织里的安全规则很有用，因为它们为安全的出现创造了条件，但是，如果添加越来越多的规则，员工就会进入认知超负荷状态，会出现压力大、沮丧、注意力分散等危险状态，如果达到临界点，则可能发生意想不到的事故。同时，认知科学还认为人类大脑在信息的逻辑处理上明显不足，大脑的优点是识别模式，而不是存储和检索信息，同时人类还能在叙述信息时附带自己的感受和情绪，使得信息传递更加丰富。

对安全演变发展的研究，不断刷新了人们对安全的认识。2020年4月，美国麻省理工学院航空航天系的莱维森教授在霍尔内格尔的研究成果基础上，提出了SafetyⅢ的概念(Leveson,2021)，主要涉及了两个方面的内容。

第一，莱维森批判了霍尔内格尔(Hollnagel,2014)提出的SafetyⅠ和SafetyⅡ。

对于SafetyⅠ，霍尔内格尔认为安全是"不利结果(事故、事件或未遂事件)的数量尽可能低的条件"，或者说"尽可能少的事情出错"。莱维森主要是针对两点：其一是认为"尽可能"这个词不太好衡量。因为当将多个目标强加于系统设计时，总是需要权衡取舍。一个人可能能够减少负面结果的数量，但这会牺牲其他目标，甚至增加其他类型负面结果的数量，或者可能需要花费更多的费用。那么在作出"尽可能"判断的时候，我们以一个什么角色来作出判断，是降低风险付费的人，还是事故的潜在受害者，或者是政府监管机构。这个"尽可能"带来了太大的模糊性。其二是针对"出错"这个词的含义。如果我们没有按预期从生产系统中获利，那是不是就存在错误，但这并不代表系统不安全。

对于SafetyⅡ，霍尔内格尔认为我们应该关注"什么都没发生时的(即一切正常)行为"，并假设这意味着该行为是安全的。莱维森提出了质疑，我们不能仅仅因为这个行为目前没有引发事故，就认为事故不会在未来发生。同时，有些行为往往不能用"对"或"错"来标注，因为发生的行为可能只是在这个特定系统中并不重要而已。最重要的是，霍尔内格尔只关注了社会技术系统中"人"的因素，而安全是系统的一个涌现特性，不是只关注系统某一组分就可以实现的。

第二，莱维森提出了SafetyⅢ。其特点如下。

(1)基于风险控制不足导致损失的假设。

(2)基于系统理论。它跨越了系统的整个生命周期，更注重设计阶段的安全性。弹性系统不仅关注人这个操作员，更希望通过设计系统来尽可能地预防和控制危险。如果确实发生了系统无法处理的紧急情况，则系统应确保操作员能够成功地处理紧急情况，并确保现有的工具能够在紧急情况下恢复功能。

(3)在系统的生命周期中，变化和适应变化是不可避免的，也是系统健康的表现。但必须仔细分析计划的变更，以确保这个变化不会增加风险或引入新的危害。同时，必须使用适当的程序来识别意外和危险的变化，包括外部环境或设计期间安全所依据的假设的变化，并提供适当的响应。

(4)在设计复杂的安全管理系统时，还有3项内容是必不可少的。其一是定义和培育期望的安全文化,其二是一个设计全面的安全管理结构,其三是一个全面可用的安全信息系统。

莱维森还给出了实现 Safety Ⅲ 的方法,即系统理论事故模型和过程(systems-theoretic accident model and processes,简称 STAMP),要将系统理论应用于安全领域,需要一个新的事故因果关系模型来扩展当前使用的模型。STAMP 基于系统理论,将传统的因果关系模型扩展到一系列直接相关的故障事件和故障组件之外,以包括更复杂的过程和系统组件之间的不安全交互。STAMP 依托两种分析技术:一种是系统理论过程分析(systems-theoretic process analysis,简称 STPA)技术,这是一种基于 STAMP 的危害分析技术;另一种是基于 STAMP 的因果分析(causal analysis based on stamp,简称 CAST)技术,用于事故和事件分析。

使用 STAMP 方法控制事故过程如图 1-10 所示,左侧用于系统开发,右侧用于系统操作,且它们之间是可交互的。结构的每一层都包含控制器,负责控制下层之间的交互和行为。更高级别的控制者可以提供总体安全政策、标准和程序(向下箭头),并在各种类型的报告(包括事件和事故报告)中获得有关其影响的反馈(向上箭头)。反馈提供了学习和提高安全控制有效性的能力。

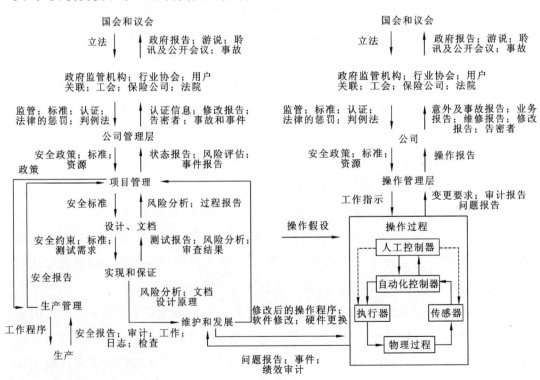

图 1-10　安全控制结构示例

综上，对 SafetyⅠ、SafetyⅡ和 SafetyⅢ进行汇总分析，内容见表 1-3。

表 1-3　SafetyⅠ、SafetyⅡ和 SafetyⅢ分析汇总表（Aven，2022）

主题	SafetyⅠ（霍尔内格尔）	SafetyⅡ（霍尔内格尔）	SafetyⅢ（莱维森）
安全概念	无事故和事件；免于不可接受的风险	在不同条件下取得成功的能力	免于不可接受的损失
风险概念	事件发生的可能性和事件后果的严重程度	通常被定义为发生意外事件的可能性	被定义为不良后果的严重性和可能性的组合（最常见）；作为安全评估的风险
弹性	通过障碍控制（限制、减少）可变性的目标；通常通过频率分布概率和概率模型表示	不可避免，但也有用，应进行监控和管理；弹性（性能可变性）被认为是获得成功和避免失败的关键	设计系统以确保性能可变性是安全的，并消除或最小化生产力、实现系统目标和安全性之间的冲突；设计确保当性能（操作员、硬件、软件、管理人员等）超出安全边界时，仍能保持安全（容错和故障安全设计）
因果关系	事故是由设备故障和员工错误/失误引起的	紧急结果（许多事故）可以理解为由性能可变性的惊人组合引起，其中主导原则是共振而非因果关系	事故是由对危险的控制不足造成的。事故源于对安全相关约束的控制或执行不力。不假设线性因果关系，事故的根本原因不存在。整个社会技术系统的设计必须旨在防止危险；调查的目的是确定安全控制结构没有防止损失的原因
模型和系统特征	假设准确表示实际系统或活动。系统特征：简单、线性、可控制，允许基于系统组件的分解和精确模型	对于棘手的系统，不存在精确的模型。系统特征：难处理、复杂、社会技术	人类使用模型来理解复杂的现象。系统特征：线性和更复杂的社会技术系统

续表1-3

主题	Safety Ⅰ（霍尔内格尔）	Safety Ⅱ（霍尔内格尔）	Safety Ⅲ（莱维森）
风险评估	传统的技术风险分析方法，如事故树 FTA、事件树 ETA、概率风险评价 PRA 等。使用基于概率的方法准确估计风险	未突出显示。可变的性能变得难以或无法监控	传统使用风险评估来识别设计缺陷和功能故障，突出事件、后果和可能性
安全管理原则：预期和主动性	反应性，在发生或被归类为不可接受风险时作出反应	积极主动，持续努力预测事态发展和事件	专注于预防危害和损失，但从事故、事件和系统运行情况审查中学习
安全管理原则：学习和改进	主要通过失败和错误来学习与提高	学习应该基于频率而不是严重程度。因此，应重视正确的方面，而不仅仅是失败的方面	主要通过失败和错误来学习与提高

1.4.2 当前安全问题的聚焦

如果将工业企业划分为硬件（工艺安装、工艺控制和防护设备）和操作人员，那么安全生产已出现了以下 3 个趋势。

（1）为了追求节能、更高的灵活性、更好的产品质量和更小的缓冲区，工艺装置变得比以前更加复杂，同时它们越来越接近操作极限。

（2）过程控制和防护设备变得更加复杂，允许在更高的级别上灵活调整和概览，但与此相关的缺点是错误操作的风险会增大，且操作人员与现场硬件设备的距离越来越远。

（3）出现人员的流失。现场操作人员减少使得具有一些特定流程安全工作经验的员工减少，增大了安全生产方面的压力。

总之，安全生产的重点是降低成本和节省时间。

比如通过分析冶金企业近几年的生产安全事故数据，总结发生的事故有以下 4 个特点。

（1）事故的发生并不是源于未知的物理或化学过程危害，而都是已知晓的。

（2）没有一个事故是由单一的问题或故障引发的，事故是由多种缺陷和不足引起的，它们共同为事故的发生做了"铺垫"。

（3）发生这些事故的"铺垫"主要是管理、组织和人为因素。

（4）与工艺装置复杂性相关的剩余问题也得到了观察，但这些不是主要问题。

总之，在冶金企业发生的事故是由于管理不善、缺乏安全意识、能力薄弱，只关注生产这样的"核心业务"等。但冶金企业普遍还存在人员不足、责任划分不清、维护失误、系统故障、对安全口惠而实不至等问题。

无论是霍尔内格尔还是莱维森，他们都认可一点，即需要用系统思维来看待安全，更准确地说，需要用复杂系统思维来看待安全。他们给了安全学一个划时代的总结，并开启了人们处理安全问题的新纪元。但实践和理论之间，实践有效性和理论有效性之间存在的距离，是我们不得不面对的。

第一，企业安全监管部门的职责有限性和复杂系统思维考虑问题的全面性之间的距离。

在复杂系统思维中，不存在引发事故的根本原因，究其本质，不是没有原因，而是原因更多了，因为系统里的组分彼此相互联系，进而相互影响。但企业安全管理部门的人力、物力、财力的有限性，决定了该部门不可能像理论分析的那样，把企业或社会技术系统里更多的组分纳入解决安全问题的范围内。

第二，员工对安全问题解决方案的价值观可接受性和技术可靠性之间的距离。

安全取决于客观的危险在何种程度上可以通过预防或减缓方法加以管理，只要危险及其影响，能够在技术层面上确定和加以控制，且企业员工普遍对可接受的风险水平有价值共识，这些安全管理的方法和工具就可能发挥作用。安全学更加注重安全方法及其工具使用方面的问题，如员工愿意为了安全付出什么？

第三，企业安全管理定量和预防之间的距离。

"安全第一，预防为主，综合治理"是我国的安全生产方针，预防在安全管理工作中处于重中之重的地位。但因为要在事故发生之前做预防工作，所以按照"如果（不）这样……那么可能发生事故"的逻辑判断，很多因子需要纳入监控之中进行量化管理。这带来了两个问题：其一是有些因子并不容易量化，或者说量化没有实际意义，如员工精神状态难以量化；其二是无法明确量化的因子与预防事故之间的关系紧密程度的判断标准，如员工某一周安全培训次数与发生事故之间是否有紧密的关系，如果关系紧密，那么安全培训次数增多，是否意味着一定能减少事故的发生。

基于以上思考，大数据促进员工安全行为可持续发展研究的主要目标是加强企业安全生产标准化、信息化建设，从员工安全行为入手构建安全风险分级管控和隐患排查治理双重预防机制，在员工危险作业到日常生活的"重点＋全面"范围中健全风险防范化解机制,最终目标是通过记录、提炼、传播从数据分析中汲取最佳安全行为实践和经验教训,提高员工安全生产水平,确保企业安全生产。3个具体的目标如下。

(1) 为员工自我安全行为的状态及评估提供依据,长期跟踪测量以使员工安全行为处于持续可控状态。

(2) 为企业安全管理者提供员工安全行为角度的"管业务必须管安全、管生产经营必须管安全"的执行条件,把握员工安全行为发展趋势,深入了解弱势员工如何改变行为,改善安全状态,以提高他们的安全管理水平。

(3) 为政府提出的"管行业必须管安全"的安全监管原则构建员工安全行为实时分析工具和数据可视化产品,以加强安全监管和提高决策能力。

第 2 章

安全行为——逻辑理性与生命情感

> 真理的死亡意味着道德的死亡,道德的死亡意味着文明的死亡。没有真理与道德,唯一可能的结局就是回归野蛮。
>
> ——苏格拉底(Socrates,前 470—前 399)

2.1 引　言

"员工安全行为"这一概念由 3 个词组成,具体的每一个"员工"都展现出了生物人、经济人、文化人等多角色的特征;"行为"在防御性、脆弱性、韧性等行为特征间转换;可能唯有"安全"这一词,集结统一了所有人(员工、管理者、研究者等)的着力点。所以,再看员工安全行为,颇有一种多变多维表象之下却有一个稳定中心的意味。

面对员工安全行为多变多维的表象,我们要怎么办呢?按常理有两种方法:其一是对每一个员工进行跟踪,对其行为进行观察提炼,去了解每一个行为的来龙去脉,挖地三尺,细针密缕,抽丝剥茧……得到所有员工的所有安全行为的"事实";其二是抽出一部分员工的一部分安全行为进行观察,提炼特征,凝结成"理论",再推论出大样本的员工安全行为的特征。这两种方法都是逻辑上所说的"全称命题",只是第一种方法没有进行推论,第二种方法开展了推论。对于没有推论的"事实",我们进行描述;对于有推论的"理论",我们对其进行抽象概括。

利用抽象概括出的理论,对整体(比如员工安全行为的整体)进行解释,你会不会相信这套理论呢?1937 年,英国小说家阿加莎·克里斯蒂出版了悬疑推理小说《尼罗河上的惨案》,故事中的比利时侦探波洛,面对拥有巨大财富的林内特小姐及女仆路易丝·布尔热、奥特勃恩太太三人被杀,凭借现场的蛛丝马迹,就从表面看来毫无关联的人物中揪出了凶手。整个侦探过程出人预料，结果也令人大跌眼镜，但又隐约觉得波洛"很有道理"。而正是这种"既离奇又合理"的情结特征成就了克里斯蒂"推理宗师"的地位。人们觉得"离奇"，是因为案情里的每个人和每个人的行为彼此关联，但无论人物有怎样的行为，我们都不由自主地做一个"好人还是坏人"的二分判断，而凶手却并不是我们默认的"坏人"；人们觉得"合理"，是因为波洛在缺少证据的情况下，靠推理把案件里的逻辑厘清了，我们信服了这个逻辑。这也恰恰满足了我们看推理小说的心理预期，一方面希望"善良最终战胜邪恶"，另一方面希望外表混乱下的世界的核心秩序能"被人类认知，且人类也有这个能力去认知"。所以，"貌似混乱，实则井然"的推理小说，让我们看到了虽然有"坏人"在这个世界"捣乱"，但最终这个世界的秩序可以靠人类智慧的力量恢复。

同理，面对员工瞬息万变的行为，有人说"我们又不是他们肚子里的蛔虫，怎么知道他们为什么那样做""我们又不可能 24 小时地跟踪观察他们，怎么知道是什么让他这么做"……面对像尼罗河上那艘豪华邮轮上的扑朔迷离案情一样的员工安全行为，依靠逻辑和理性去寻找员工安全行为的秩序，我们是有信心的。

自 20 世纪初安全学研究起步以来，新思想、新方法不断被应用到安全生产中，我们也强烈地感受到，秩序是面对复杂现象萌生时的一种将我们从事故中解放的力量，而解放带来的是"百花齐放、百家争鸣"。随着人类思想的发展，我们反而感受到秩序成为一种禁锢安全行为的力量，如果要看清楚员工安全行为，我们就必须站在它的上面，我们需要的是超越。当各种观念并列杂陈，没有一种天然的统一性时，我们需要一种超越特殊观念之上的态度，从而能与不同的观念相处。超越现有的秩序，下一步的落脚点在哪里呢？这必然在人类本能的诉求上。而安全的终极目的，恰恰是让人能"幸福"地存在着。

20 世纪思想家阿伦特在 1958 年出版了影响至今的著作《人的境况》（*The Humen Condition*）（王胤，2017）。他认为现代科学世界的"真理"具有所谓的"知道-如何"的属性，在"知道"方面，科学"真理"确立了认识世界"是什么"的知识形式；在"如何"方面，科学"真理"确立了有关塑造人工世界"怎么做"的行为模式。在这种"知识-行为"构架体系基础之上的员工，只能受制于"任何一个技术上的小东西的操纵"，甚至，这种操纵可能把人类引向死亡。当"知识-行为"构架体系具有某种绝对性时，人类自身的思考和思想就没有任何存在的独立价值，而是完全被前者的绝对性所制约。

所以，面对员工安全行为，如何依靠逻辑和理性分析出秩序，又如何依靠人类本有的生命情感规范安全行为，这是摆在我们面前的一个问题。

2.2 安全行为的理念

2.2.1 安全行为

2.2.1.1 定义

员工安全行为是有边界的,主要有空间边界、时间边界、属性边界。员工安全行为是归属于安全生产或工程安全领域的,这就有了不可忽视的空间边界,即员工工作的厂区内部。同时,员工安全行为的时间边界,是指工作时间;其属性边界,即以安全为目的的行为。

安全行为学是一门涉及行为学、管理学、安全学、心理学、社会学、人类工效学等学科理论的交叉边缘性学科,是安全科学的分支学科,通过综合运用以上学科的原理、方法及研究手段,研究人的心理、生理行为与安全的关系,阐述人在各类环境中的行为发生规律,从安全管理角度出发对人的行为进行分析、预测和引导(叶龙,2005)。安全行为学源于行为科学,1979 年由 Gene Earnest 和 Jim Palmer 首次以"行为安全管理"这一名称提出,随后即被引入我国(谭波等,2011)。安全学科得到快速发展,我国对安全行为学的研究、应用也越来越重视。

员工安全行为没有唯一的定义,有的学者直接给出定义,也有学者从排除反面的角度给出定义,其中反面的角度主要涉及"风险行为""不安全行为""失误行为""意向性的错误行为"等名词。具体见表 2-1。

表 2-1 围绕员工安全行为的相关定义一览表

出处	名词	具体内容
一般	安全行为	不会受到侵害、危险、危害、损失的行为
Salkovskis (1997)	认知行为下的安全行为	压力大的人为了避免可怕的灾难而实施的行为模式
Shawn M.Galloway (2015b)	安全行为	这些行为几乎没有危险,几乎不会造成伤害。已知的风险得到控制,每个观察行为的人都会同意
Galloway (2015a)	风险行为	这些是伤害概率低的行为,通常不会导致伤害,但偶尔会造成伤害或至少有可能造成伤害。这些行为对员工个体和组织来说是一个问题,因为如果没有更多的数据和复杂的分析工具,很难用常识和经验来检测它们

续表2-1

出处	名词	具体内容
Galloway（2015a）	不安全行为	这些是危险行为,经常导致伤害,可以用常识和经验来识别。当行为极有可能导致具有高严重程度潜力的负面结果(即伤害)时,认为这些结果不安全
Reason（1990）	失误行为	人的失误行为包括两类:错误和疏忽。错误是指意向和最终的结果不同,疏忽是指实际的行为与计划之间的偏差
青岛贤司（三隅二不二等,1993）	不安全行为	不安全行为是已经造成或者可能造成事故的行为
陈红等（2005）	失误行为	人的失误行为如果已经导致安全事故的发生,那就是不安全行为,包括工作过程中故意违章和操作程序失误等
刘轶松（2005）	不安全行为	认为不安全行为是过去引起事故或者可能引起事故的人的行为,是造成安全事故的主要原因
孙淑英（2008）	意向性的错误行为	员工使用不正确的方法或手段去解决工作中的问题,在解决问题的过程中存在着安全隐患的行为
周刚等（2008）	不安全行为	认为人的不安全行为属于人的失误,人的失误可以发生在工作的各个环节以及各种类型的员工身上,当人的失误导致安全事故发生时,则这个失误就可以称作人的不安全行为
吴玉华（2009）	不安全行为	直接导致或者扩大安全事故损失的行为
任玉辉（2014）	不安全行为	认为员工在工作上表现的各种冒险行为或者违章行为都是不安全行为
《企业职工伤亡事故分类标准》	不安全行为	能造成事故的人为错误

2.2.1.2 目的

员工安全行为研究的目的如下。

(1) 描述:发生了什么?

描述员工的安全行为,指出发生了什么,在哪里发生的,对谁发生的,以及在什么样的环境下发生的。比如,某建筑工地上,开卷扬机的员工乙最近总是离开自己的工作岗位,正在三楼施工的泥瓦工需要砂浆时,总是要大声喊她,让她回去开卷扬机,员工乙好像很有心事的样子,匆匆忙忙跑回自己的岗位。员工乙的所作所为,是我们通过观察她的外显行为和可能的感受得知的,关于"她在做什么"的描述,则为下一个目标提供了起点:她为什么这么做?

(2) 解释:为什么会发生?

为了找出员工乙这样表现的原因,我们会再继续观察、交流、走访其他相关人。对于员工乙的行为,我们会试着去理解并为其行为找出一种解释,这是形成行为理论过程中的重要一步。如果描述的目的是提供观测的结果,那么解释的目的就是帮助建立一项对一系列观察或事实的解释的理论。经过走访和观察发现,员工乙离开工作岗位后跑到大街上看她的同乡与别人吵架,担心同乡在吵架过程中"吃亏",所以忧心忡忡,而泥瓦匠叫她的声音又让她意识到自己还在上班,急急忙忙赶回去开动卷扬机。

(3) 预测:什么时候(事故/安全行为)会再次发生?

预测是决定将来会发生什么。在Safety Ⅰ模式中,我们关心事故什么时候会再次发生。在Safety Ⅱ模式中,我们更关心积极向好的安全行为什么时候会再次发生。案例中,安全员预测员工乙有可能在注意力分散的情况下发生事故。很明显,我们需要做一些事情来改变这个预测。

(4) 控制:如何改变事故(或如何加强安全行为)?

控制或者调节某些行为的关键是将一项不安全行为(如导致事故)转变为安全行为(比如积极促进安全)。案例中可以使用一些安全管理的策略(如在岗位上进行操作时必须手指口述等)来帮助此时注意力分散的员工乙,以增强她的安全技能。同时,控制事故,涉及范围扩展到了群体和组织层面。

安全行为研究过程中的这4个步骤,使得研究从现场事故提炼理论,再从理论回到现场安全生产。若上述案例不加入这4个步骤,那么事故还原全过程是这样的。某建筑工程公司承包修建楼房工程,并将其中某侧三楼以上转包给以甲为首的作业组施工。该作业组在进场施工时即要求安排甲的妻子乙承担开卷扬机的工作,施工时,乙的同乡在大街上吵架,乙也跑去看热闹。这时在楼上砌墙的泥瓦工需要砂浆,就大声喊乙,乙听到后就急匆匆地从工地大门外的大街上跑回来开卷扬机。该卷扬机的提升系统的构造为:卷扬提升机带动吊篮,吊篮内装一个手推翻斗车,翻斗车内装水泥砂浆。乙急急忙忙回到岗位后开动卷扬机,提升吊篮,由于手推翻斗车内装的水泥砂浆较满,且手推车在吊篮内摆放位置不当,重心过于偏外。结果当吊篮提升后,因电机及提升系统的振动使手推翻斗车再向外偏移,结果手推翻斗车卡在卷扬提升机井架的斜撑上。乙在驾驶岗位上操作时由于精力不集中,并没有发现这一异常情况,没有及时采取断电等措施。结果,卷扬机照常运转,直至井架地面上的导向定滑轮锚定钢丝绳被拉断,并将卷扬机钢丝绳拉紧后,将卷扬机拉翻,翻倒的卷扬机底座打在乙的面额上,造成严重事故。

所以，对员工安全行为开展研究很有必要。行为学发展近150年来，以上的描述、解释、预测、控制这4个对行为进行分析的步骤，各有所侧重，但对这4个活动目标的回答一直没有变，变的是回答问题过程中使用的方法。

2.2.1.3 主要内容

员工安全行为研究是建立在行为学科上的一门应用研究，研究的主要内容如图2-1所示。

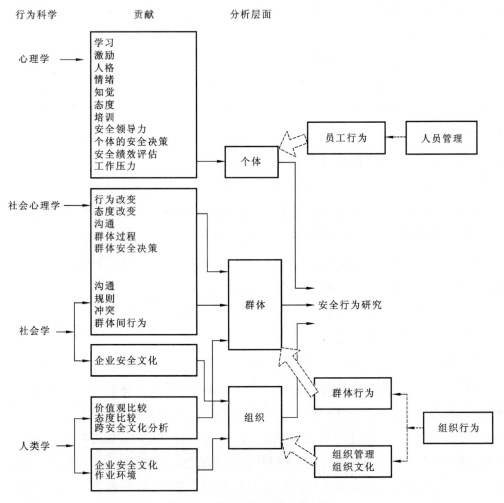

图2-1 安全行为研究主要内容

安全行为的研究主要涉及3个层面，现滤掉"安全"，看一下这3个层面的特点。

1) 个体层面——个体行为（Individual Behavior）

员工个体行为，是员工对工作场所特定情况的反应。员工个体行为表现出了3个特点。首先，没有两个人的行为方式完全相同。有些人很难处理压力，而有些人有能力微笑面对不可预见的情况。其次,员工是任务执行者。任务执行者为自己设定目标,并努力在规定的时间范围内完成任务,角色和职责应符合组织的目标和目的。再次,员工是组织公民。组织是一个公共平台,所以需要员工以组织公民的身份参与组织的各种活动。个体层面侧重个体行为。

2)群体层面——群体行为(Group Behavior)

群体,由属于共同或不同文化范畴的个人组成。人类是社会动物,因此无论身在何处,都会形成群体。人们倾向于聚集在群体中,但在群体中就会受到群体规范和规则的约束。同时,严格遵守群体规范有时会剥夺个人的创造力。个人的想法要服从群体的愿望和需求,这就是群体思维现象,而这意味着,群体达成的决定不一定是所有成员的愿望,这从另一方面又影响着个体行为。群体层面侧重群体行为。

3)组织层面——组织行为(Organization Behavior)

组织是群体中人员的集合,要求成员遵守既定的或明确的、非正式的或隐含的行为规则。事实上,组织已经制定了政策和程序,要求员工在作业过程中遵守这些规则。比如,某些组织政策规定了工作时间、着装要求、遵循工作规则和就业合同基础。此外,组织还制定政策以确保员工作为一个团队一起工作,共同实现组织的愿景,完成组织的使命。当组织中的员工属于不同的文化范畴时,组织要确保所有员工按照组织政策规定的一套共同原则行事。组织层面侧重于管理和文化。

3层安全行为的关系如图2-2所示。个体安全行为组成了群体安全行为,群体安全行为组成了组织安全行为,同时组织安全行为又反过来影响群体安全行为,群体安全行为又进一步影响个体安全行为。

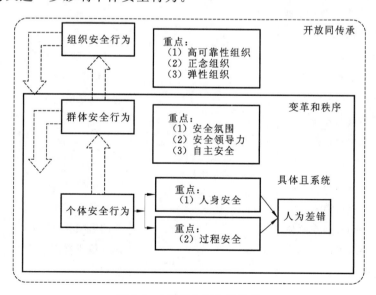

图2-2　3层安全行为的关系

2.2.2 解释安全行为的主要观点

解释安全行为的主要观点及其代表人物如表 2-2 所示。

表 2-2 解释安全行为的主要观点及其内容

观点分类	主要内容	代表人物	如何解释行为	在安全行为落脚点的实例
精神动力	无意识的心理动力	弗洛伊德 (Sigmund Freud, 1856—1939)	无意识的心理过程	安全意识
行为主义	①学习； ②通过环境控制行为； ③"刺激-反应"	华生 (John Broadus Watson, 1878—1958) 斯金纳 (Burrhus Frederic Skinner, 1904—1990)	环境中的刺激以及以前行为所产生的结果	安全技能（岗位操作、事故预防、应急救援）、经验
人本主义	①心理健康与人的潜能； ②人格特征与个体差异的特质与气质	马斯洛 (Abraham H.Maslow, 1908—1970)	①成长和充分发挥潜能的内在需求； ②在不同时间、不同情境下具有一致性的独特的人格特点	安全态度（动机、意志、承诺）
认知	①心理过程（比如思维、学习、记忆、知觉等）； ②头脑是一台像计算机一样的机器； ③情绪与动机如何影响思维和知觉	冯特 (Wilhelm Wundt, 1832—1920) 詹姆斯 (William James, 1842—1910)	一个人独特的知觉、解释、期望、信念和记忆模式	认知、记忆、动机
社会文化	①社会对行为与心理过程的影响； ②个体如何在群体中发挥作用； ③文化差异	米尔格拉姆 (Stanley Milgram, 1933—1984) 津巴多 (Philip George Zimbardo, 1933—)	①情境的力量； ②社会与文化对行为的影响有可能超越其他所有因素的影响	社会关系、归属感

续表2-2

观点分类	主要内容	代表人物	如何解释行为	在安全行为落脚点的实例
生物学	①神经系统; ②内分泌系统; ③遗传; ④生理特征	笛卡尔 (René Descartes, 1596—1650)	大脑、神经系统、内分泌系统和基因	视觉、听觉等
进化	①个体一生中,心理功能的改变; ②遗传与环境	皮亚杰 (Jean Piaget,1896—1980)	遗传与环境的相互作用,这种相互作用在人的一生中以可预测的方式呈现出来	人机互动

2.2.2.1 精神动力的观点

现代精神动力观点吸纳了弗洛伊德的无意识思想,以及无意识思想对有意识行为和早期经验的影响,更多强调自我感觉的发展以及对隐藏在个体行为背后动因的发掘。

1901年,弗洛伊德在出版的《日常生活的精神病理学》(*The Psychopathology of Everyday Life*)中提出,"无意识"心理主要是指本能、欲望、情绪等。他通过研究发现,人在日常生活中存在着大量无意识的表现,如人的失误动作就是无意识愿望的歪曲表达,歪曲的缘由是无意识的动机、欲望等要经过理性意识的稽查,因而无意识的愿望必须经过变形或替代才可进入意识,或表现为行为。因此,他认为失误可看作无意识愿望与有意识自我互相妥协的产物。弗洛伊德认为失误有不同的类型。

(1)压抑:这种类型的失误发生在被压抑的记忆进入有意识的意识时。如创伤记忆可能是由某种环境线索触发的。

(2)心理错误:错误陈述的发生可能是因为分心、健忘或思维不清晰。如你可能会混淆事实或记错导致错误陈述。

(3)回避:失误可能会揭示你故意压抑的事情,因为你不想处理它们。比如,如果你一直在逃避一项任务,可能会发现不小心脱口而出与你一直试图避免的事情有关的东西。

将精神动力的观点应用到安全行为的研究中,多是聚焦在直觉、习惯等方面。

2.2.2.2 行为主义的观点

行为主义的观点受到华生(John Broadus Watson)和斯金纳的影响。关于行为主义的研究实验主要有"巴甫洛夫的狗""桑代克的猫""斯金纳的老鼠"3个。

在安全领域借助行为主义观点的成果很多,如基于行为的安全就是最经典的行为主义观点在安全领域的应用。但是,BBS是从微观个人角度出发,找出不安全行为进而纠正不安全行为的一种解决办法。Chen等(2018)围绕安全建议对人为错误的影响,根据不安全行为的宏观表现提出了纠正措施。

2011年,美国联邦航空管理局报告称,在过去几十年中,人为失误并没有减少,仍然是航空事故的主要原因。Shappell等(2007)发现,近60%的商业航空事故可直接归因于不安全行为。如果前线操作人员(如机组人员、乘务员、维修人员和其他地面支持人员)在复杂系统中有不安全行为,就会直接影响系统的安全。这些不安全行为大致可分为失误和违规,失误再进一步分为决策错误、基于技能的错误和知觉错误(表2-3)(Shappell et al,2003)。

表2-3 航空事故不安全行为分类及具体内容

分类	具体内容	例子
决策错误	通常是指个人作出的有意识的决策/选择,并按照预期执行,但事实证明,这些决策/选择不适合当前的情况	①程序不当; ②误诊的紧急情况; ③能力过剩; ④操作不当和决策失误……
基于技能的错误	被认为是在很少或没有意识思考的情况下发生的高度实践的常规行为	①视觉扫描故障; ②未能优先考虑注意力; ③程序中遗漏了某个步骤; ④遗漏了检查表项目
知觉错误	由于感觉输入的退化,当一个人对情境的感知与现实不同时,就会发生知觉错误	①由于先进的航空电子设备、警告设备等的应用,感知错误对商业事故的影响微乎其微; ②飞行员被教导依赖他们的主要仪器,而不是外部世界

续表2-3

分类	具体内容	例子
违规行为	代表着故意无视管理安全的规则和条例	①未能遵守简要说明； ②未使用雷达高度计； ③未经授权的接近； ④违反培训规定； ⑤进行了一次过激的动作； ⑥没有做好飞行准备； ⑦未经授权的短暂飞行； ⑧不适合执行任务； ⑨故意超出飞机的功能限制； ⑩在可视气象条件下或晴朗天气条件下持续低空飞行……

通过分析，我们得出了企业安全管理方法的策略会影响各种不安全行为的结论，但技术/工程方法和人员/团队方法分别适用于纠正知觉错误和决策错误。可通过可行性、可接受性、成本、有效性和可持续性等来评估策略的可实施性，这对干预策略与不安全行为之间的关系具有调节作用。需要强调的是，在全面确定安全目标是找到人为错误时，应直接对一线操作员实施适当的干预策略，否则通过系统性补救措施弥补广泛的人为错误是无效的。

2.2.2.3 人本主义的观点

在19世纪中期之前，"精神分析"和"行为主义"是存在的两个主流观点。根据精神分析理论，生理上（如性和攻击性的本能）的机制决定了行为，个体同样对自身发展没有任何影响；行为主义理论是非常机械化的理论，刺激进去，反应出来，对中间发生了什么不感兴趣，认为环境决定行为，个体对发展几乎也没有任何影响。

但人本主义的提出，使得人们开始关注人类自我塑造的能力。人本主义认为人有自由意志，可以自由选择自己的使命。其中尤以马斯洛最为著名，他强调人类潜能，认为每个人都拥有变成杰出的人的能力。

在人本主义观点中，较为成熟且被安全界应用较为成功的理论是自主决定理论（self-determination theory，简称SDT），该理论由美国罗切斯特大学的德西（Edward L.Deci）教授和澳大利亚天主教大学的瑞安（Richard M.Ryan）教授在1985年合作出版的《人类行为中的自我决定和内在动机》（*Self-Determination and Intrinsic Motivation in Human Behavior*）一书中提出并进行了全面阐述。

SDT 是人类动机理论,动机是促使我们采取行动的动力。该理论着眼于人类内在的、积极的增长倾向,并概述了促进这种增长的 3 个核心需求,即自主性、能力和相关性。

自主性:需要将行为体验为自愿和"……反思性地自我认可"(比如,感觉我们可以控制我们做什么)。

能力:需要体验我们的行为是有效的(比如,感觉我们做得很好)。

相关性:需要"……与他人互动、联系并体验对他人的关怀"(比如,与他人建立有意义的关系并进行互动)。

SDT 概述了内在和外在两种类型的动机,这 3 个需求促进了"为自己而行为"的内在动机。外在动机是获得奖励或实现外部目标,虽然外在动机不会自动满足 3 个核心需求,但 SDT 定义了不同类型的外在动机,这些动机可以通过内化过程,最终为核心需求提供支持。

Ju(2020)成功应用 SDT 处理了企业里安全专业人员的工作动机问题。企业里的安全专业人员不仅要承担直接降低人员安全风险的物理安全工作,还要花费大量时间进行安全管理等。那么如何衡量安全专业人员工作的主动性、独立性和自主性的重要性呢?他们使用了 SDT 和以人为本的方法,如图 2-3 所示。

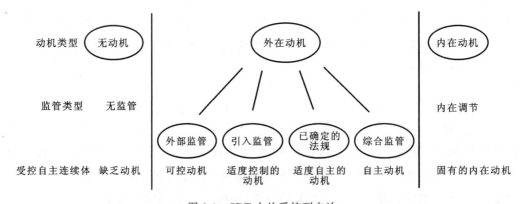

图 2-3 SDT 中从受控到自治

经研究得出以下结论。

(1)适度自主型的理想研究结果表明,与外在动机相比,如果将安全工作的价值内部化,将使安全专业人员有更强的职业承诺,并可以降低他们的离职倾向。激励小组中的安全专业人员的工作态度令人不满意,这可能是由于他们觉得工作缺乏意义,组织需要使他们的员工明确工作意义。

(2)关于如何内化安全工作的价值观,SDT 建议人们自然倾向于内化其社会群体的价值观和规则。这种倾向是由与社会化相关的感觉及对正在内化的规则促成的。这项研究表明,工作价值观的内化至少可以通过两种方式实现。首先,在组织/团队层面,通过提高对安全价值和意义的认同度来营造安全氛围,减少安全专业人员和操作人员之间的冲突,并提高安全专业人员的积极性。其次,在专业层面,通过与来自同一职业群体的人交流,安全专业人员可能对他们的工作价值有更强的信念,具有更强职业承诺的员工更有可能坚守岗位并发展其所需的职业技能。因此,如果想要保持稳定和熟练的安全管理组织,可以尝试提高识别安全管理人员的动机或自主动机的水平。

(3) 对组织的安全管理启示,是鉴于适度自主型的强大激励效应,可以预期这种形态的安全专业人员将参与主动的安全管理活动。根据 SDT,安全专业人员通过内化安全工作的价值观,在执行安全工作时可能会更有活力,意志更坚定,且压力更小。同时,这些心理资源可以促进安全专业人员参与主动安全管理。

2.2.2.4 认知的观点

认知的观点从格式塔心理学分支开始发展,到 19 世纪 60 年代成为主流观点。它主要关注人是如何思考、记忆、存储和应用信息的。在认知观点的框架内,认知神经科学作为一个较新的领域,主要研究记忆、思考或者其他认知过程中大脑和神经系统的生理活动。同时,脑成像技术也促成了认知观点。

将认知观点应用于安全行为领域已有较多的成功案例,如金佳(2014)运用事件相关电位技术研究激励理论中的内外动机关系问题,从大脑层面找到外在动机对内在动机影响的神经学证据,通过事件相关电位技术对动机强度进行客观的定量化测量,弥补过去动机研究中的测量结果难以量化的缺陷。于华(2017)研究了负性情绪状态下和非常规突发事件诱发的应急情绪状态下个体的决策偏好问题,通过使用事件相关电位设计脑电实验,分析了个体在两种不同情绪诱发条件下大脑对外界信息自动加工能力的差异,从认知神经的角度解释个体应急决策的脑机制,为非常规突发事件应急管理理论体系的构建贡献一份力量,同时为非常规突发事件的应对给出科学的建议;王璐(2017)通过理论分析和模拟试验等手段,以矿工不同情绪对其冒险行为的影响为研究核心,采用正性和负性视频材料对矿工的情绪进行诱发实验的方法,通过对博弈纸牌试验中被试者的脑电信号进行采集、处理和分析,对矿工不同情绪条件下产生冒险行为的神经机制进行了深入研究,取得了一些成果。

2.2.2.5 社会文化的观点

社会文化的观点合并了两个领域,一个是研究群体、社会角色以及社会运动和关系的相关规则的社会心理学,另一个是研究文化规范、效价和期望的文化心理学。

社会文化的观点主要解决"人们是如何对彼此发挥着重要的影响的",我们可以探究出喜欢、爱、偏见、攻击、服从、从众等的奥秘。同时,该观点还强调"情境的力量",即人们长期生活其中的社会情境和文化情境对行为的影响力有时会超过所有其他因素。

Bieder(2021)将社会文化的观点应用于安全行为中,认为安全是一门情境科学。

Dekker(2019)强调了自20世纪初以来,尤其是过去的30年的11个转折点(图2-4),每个转折点都有一个主导趋势或代表性概念。"瑞士奶酪"(swiss cheese)和"安全管理"(safety management)是20世纪90年代的主导概念,21世纪初是"安全文化"(safety culture),2010年是"弹性工程"(resilience engineering)。然而,在实践中,几十年前出现的大多数基本概念和理论的研究仍在使用,例如,出现在20世纪80年代末的高可靠性组织(high reliability organization,简称HRO)或20世纪50年代/60年代的"系统安全"(system safety)。同时,各种安全科学学派的思想和实践保持着并行存在和发展。Dekker(2019)的研究重点是每个时代的安全生产的问题,以及这些关键理论的起源和发展,其中以安全管理系统(safety management system,简称SMS)为例,研究了其发展历程。最后,他发现安全是一门情境科学,尤其是数字化普及的今天,人们对气候变化日益增长的担忧,对不确定性日益深入的认识,以及与这些问题共存的需要,我们亟须其他的安全治理模式。那么在这个时候,我们就更应该在更广泛的背景下以更广阔的视角去思考安全问题。

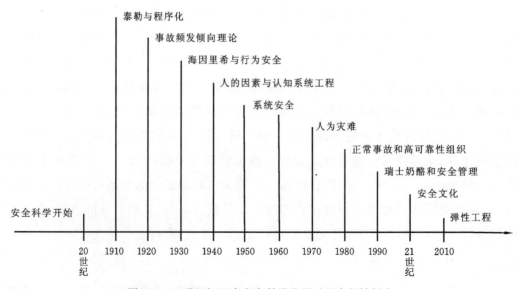

图2-4 20世纪初以来安全科学发展过程中的转折点

2.2.2.6 生物学的观点

生物学主要研究行为和精神过程的生物基础,认为人的行为是体内事件的直接结果。应用生物学的观点对安全行为进行研究,方法也较为成熟。

针对员工疲劳的研究,乌力吉(2016)使用了行为数据采集系统(Captiv 行为生理指标测试仪)、注意力集中能力测试仪、双臂调节能力测试仪、双手调节能力测试仪、Tobbi 眼动分析系统、生化免疫分析仪、化学发光仪、动态脑电记录盒及心电图机 9 个部分组成的不安全行为与疲劳测量系统,研究了疲劳对不安全行为的影响。

针对员工在高温环境作业的研究,程琛等(2014)在多态温控实验室里对高温环境进行模拟,使用频闪融合测定仪、注意力集中能力测试仪测试人的生理、心理指标;使用双手调节器、双臂调节器、九洞仪、凹槽对人操作的速度与出错率进行检验,得出高温环境使人的疲劳感加重、心情烦躁,操作的出错率明显升高,是引发不安全行为的一个重要环境因素的结论。

2.2.2.7 进化的观点

1798 年,英国的马尔萨斯(Thomas Robert Malthus)出版了《人口论》(*An Essay on the Principle of Population*),揭示了生物适应器的关键。因为生物体的实际数量远远多于能生存并繁衍后代的数量,所以个体之间一定存在"生存竞争",通过竞争,有利的变异得到保留,不利的变异慢慢绝迹。这个过程一代接一代地重复,最终的结果就是产生了新的适应器。

在此基础上,1859 年,达尔文(Charles Robert Darwin)在《物种起源》(*On the Origin of Species*)中给出了更为正式的论述。达尔文认为物种之所以会发生变化,是因为自然选择。自然选择包括变异、遗传、选择 3 个要素。首先,生物会以各种方式发生变异,这为进化提供了"原材料";其次,只有一部分变异是可以遗传的(这种变异成为稳定),另一些变异是不会遗传的(这种变异成为偶然);最后,拥有某些特定遗传特征的生物体会产生更多的后代,因为这些特征有助于它们在生存和繁衍中表现得更好。

19 世纪末,弗洛伊德提出了精神分析理论,核心内容是本能系统。这个系统包含两类基础的本能,其一是与达尔文的自然选择对应的求生本能,其二是与达尔文的性选择对应的性本能。

1890 年,詹姆士(William James)出版了《心理学原理》(*The Principle of Psychology*),核心内容就是本能系统,甚至列出了人的本能清单,认为行为是由本能驱动的。

随后,在 20 世纪,巴甫洛夫、斯金纳等提出行为主义,认为人类的先天特质是很少的，人类所谓的先天特质，仅仅是一种实现强化结果的一般性的学习能力。无论什么行为，只要与强化相倚，学习就会在任何条件下发生。因此，只要对行为之后的强化相倚进行操控，就可以塑造出任何期望的行为。行为主义的这个基本假设，即"很少有先天特质一般性学习能力和环境中强化相倚的力量"等成为行为学最基础的假设。所以，当时流行一句话"人性的本质就在于人类没有任何天性"。

但是，人的行为不仅仅是肢体动作，还包括其他的内容，比如情感、激情、渴望、态度等，而这些存在于外人观察不到的人的内心里。所以认知科学集结了3个主要力量，将人们的关注焦点引向了大脑内部（而不是仅仅像行为主义那样关注外部强化的效果，而这也是认知会发生的原因，因为只依靠外部强化已经不能有效地解释观察到的行为现象了），去探索作为行为构成之基础的心理活动。其一是对学习"法则"的研究，其二是来自语言学的研究，其三是来自计算机技术和信息加工的研究。

从认知革命开始，心理学家就意识到，要想揭示人类行为的因果机制，必须要先理解人类大脑的信息加工机制。大脑进化而来的功能就是从（内部和外部）环境中提取信息，生成行为以及有规律的生理活动……于是，当采用进化而来的功能描述大脑的运作时，我们需要将它想象成一系列信息加工程序的组合（巴斯，2015）。所以，现在我们用进化的观点再看行为，会发现人类心理被设计出来是为了解决生存和繁衍所谓的特殊信息加工的问题。

在21世纪的今天，众多生产企业通过引入人工智能（artificial intelligence，简称AI）系统来弥补人类计算推理能力的不足，这极大提升了人类理解复杂和不确定情况的能力。但在生产现场，人工智能系统的加入，也可能导致安全故障。主要故障如表2-4所示。

表2-4 人工智能系统故障模式的实例

失效范畴	失效模型实例
系统产生故障/不良	有偏差的结果/预测
决定建议	结果/预测偏差
	不确定的结果/预测
人机操作问题	操作者对系统缺乏信任
	操作者过度信任（过度依赖）
	系统介绍
	操作员忽略系统
	操作员误解系统
	建议/预测

续表2-4

失效范畴	失效模型实例
系统受到攻击（网络攻击）	操作员将错误引入系统
	系统识别操作员引入的错误
	系统识别操作器误用
	系统识别操作员注意力不集中或疲劳
	系统被对手超越/对手控制系统
	系统被破坏
	对手干扰或关闭系统
	对手获得对系统的访问权限；决定
	信息/知识受到损害

人工智能系统发生故障后造成的事故损失，还取决于人工智能系统处理故障的能力，而事故损失也会从"寥若晨星"到"灿若繁星"。所以，人工智能系统实施的安全措施，更应锁定在设计阶段的安全措施以及作业期间的安全措施。

Johnson(2022)提供了一套解决方案来避免人工智能系统的故障，并确保只允许其有期望的行为。首先，需要明确人工智能系统产生故障的根本原因，如表2-5所示。

表2-5 人工智能系统产生故障的根本原因

根本原因的类型	根本原因示例
训练数据集中的问题	有偏差的训练数据集
	不完整的训练数据集
	训练数据集中损坏
	标记错误的数据
	关联错误的数据
	缺乏罕见的例子：数据不包括不寻常的情况
	不具代表性的数据集
数据验证过程中的问题	糟糕的数据收集方法
	糟糕的数据验证方法
	数据验证标准不正确
	数据验证不足
机器学习算法中的问题	模型中的欠拟合：当模型在训练数据上没有达到足够小的误差时
	模型中的过拟合：当模型在训练数据上呈现非常小的误差，但无法推广到新数据时
	成本函数算法错误：当训练的模型优化为错误的成本函数时
	错误的算法：当训练数据适合错误的算法方法或数学模型时

续表 2-5

根本原因的类型	根本原因示例
操作数据集的问题	业务数据集中的不确定性/误差（认识不确定性）
	操作数据损坏
	介绍 AI 系统无法处理的数据类型
操作复杂性	形势的发展速度使人-机决策过程应接不暇
	决策空间使决策过程不堪重负（选项数量过多，或者不存在可行的选项）
操作者信任问题	缺乏可解释性
	缺乏信心
	过度依赖
	操作员培训或系统经验不足
操作者引起的错误	逆信任问题，其中 AI 系统失去对人类操作员的"信任"或识别操作员问题
	操作员意外或故意滥用系统
	操作员在决策过程中意外或由于不知所措、疏忽或困惑而未能发挥作用
对抗性攻击	黑客
	欺骗
	输入虚假或损坏的数据
	获得对 AI 系统的控制

接着，提出了 4 种人工智能系统安全解决方案策略（Varshney，2016），即本质安全设计、安全储备、安全失效机制、程序保障，具体如图 2-5 所示。

然后，提出在第 3 种安全失效机制的解决方案里，内嵌"元认知"，目的是允许人工智能系统通过自我诊断来防止故障，以识别可能发生故障的指标或危险信号，监测其自身的不确定性。这需要在设计阶段就将元认知能力设计到人工智能系统中，然后在操作期间实现活动能力。

元认知主要通过两个功能来完成自我诊断：其一是元认知模型可以提供系统性能及其内部组件性能的详细表征，这有助于理解系统故障的内部动态，识别错误发生的时间和地点；其二是元认知记忆，它可以建立人工智能系统知识库，跟踪过去的预测结果，跟踪系统遇到的情况，跟踪自身的性能和错误率等，这种记忆模型成为评估持续努力和比较决策过程以构建趋势分析的有力工具。元认知记忆使人工智能系统能够自我完善并改进。

元认知过程将通过识别潜在的安全风险和实施安全协议来支持安全失效机制，从而改变或停止危险的系统行为、防止网络入侵、警告操作员。所以，开发具有元认知的人工智能系统是使系统能够在现实世界环境中思考、学习和适应的关键一步。

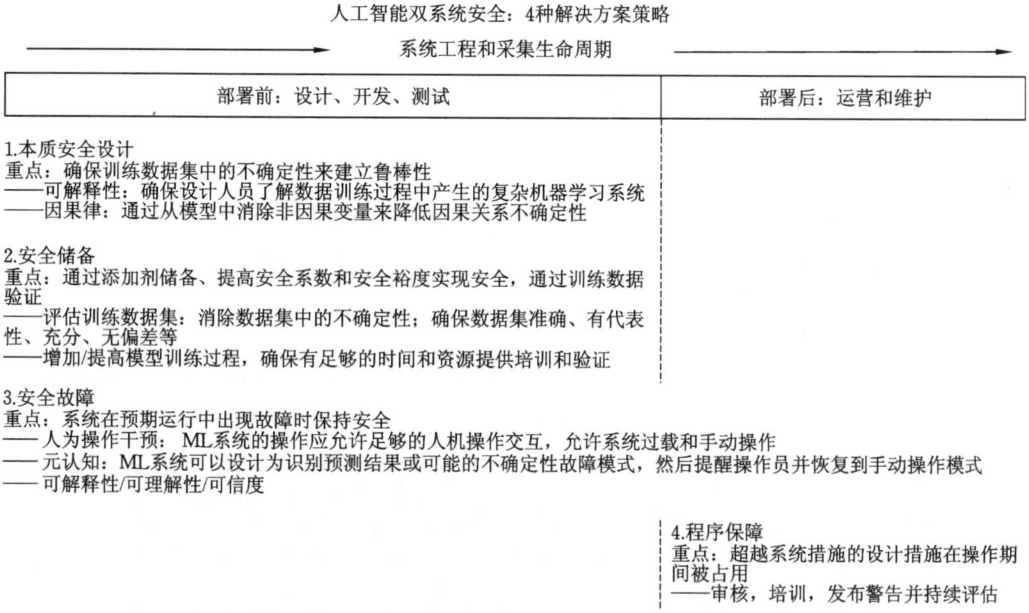

人工智能双系统安全：4种解决方案策略
系统工程和采集生命周期

部署前：设计、开发、测试	部署后：运营和维护
1.**本质安全设计** 重点：确保训练数据集中的不确定性来建立鲁棒性 ——可解释性：确保设计人员了解数据训练过程中产生的复杂机器学习系统 ——因果律：通过从模型中消除非因果变量来降低因果关系不确定性 2.**安全储备** 重点：通过添加剂储备、提高安全系数和安全裕度实现安全，通过训练数据验证 ——评估训练数据集：消除数据集中的不确定性；确保数据集准确、有代表性、充分、无偏差等 ——增加/提高模型训练过程，确保有足够的时间和资源提供培训和验证 3.**安全故障** 重点：系统在预期运行中出现故障时保持安全 ——人为操作干预：ML系统的操作应允许足够的人机操作交互，允许系统过载和手动操作 ——元认知：ML系统可以设计为识别预测结果或可能的不确定性故障模式，然后提醒操作员并恢复到手动操作模式 ——可解释性/可理解性/可信度	4.**程序保障** 重点：超越系统措施的设计措施在操作期间被占用 ——审核，培训，发布警告并持续评估

图 2-5 人工智能系统安全解决方案的类型

2.2.3 驱动行为的动力机制

关于驱动行为的主要动力机制，目前有两派，即目的论和因果论，如表 2-6 所示。

表 2-6 支持行为的主要理论

	主要内容	优点	缺点
目的论	德国功能学派的主要理论。目的论的现实意义在于提出了行为并不是单纯的肢体动作，更是行为者目的的实现，从而进一步丰富了行为学的理论，并为研究行为人的行为实践提供了一种全新的思路和可操作性	目的论主张一切作用型的关系和过程都是有序的和有规律的	所有的秩序和规律皆认为符合"神"（"天"）的意志或为了达到某种内在的目的
因果论	充分肯定了宇宙中的一切作用关系和作用过程的有序性和规律性。因果论总是把多元化和多向度的相互作用"场"，简化为"单向度"的作用关系和作用过程。所有的秩序和规律均可分解为无数的"环节"，每个环节又分解成"原因"和"结果"两个方面	如果一种现象或一组事件的出现，必然地或恒常地促使或伴随另一种现象或另一组事件的发生，那么先行者就是原因，后随者就是结果，一个事件只要找到了原因，就可以反复发生	事件产生的原因并不容易被找到

2.3 安全行为的规范

安全行为的规范主要分为两部分:第一部分,借助行为主义的成果建立安全的行为管理机制(侧重于查找不安全行为、纠正不安全行为、保持已纠正好的安全行为);第二部分,借助社会文化建设的成果建立安全行为的提升机制,如图 2-6 所示。从整体看,对员工安全行为的研究,不论是观察和纠正,还是保持和提升,都是研究员工的学习行为,研究如何让员工能更快地学习安全行为,并主动提升安全行为。

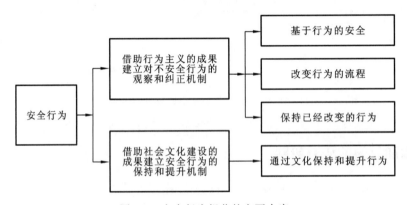

图 2-6 安全行为规范的主要内容

2.3.1 第一部分 1:基于行为的安全

员工安全行为的应用领域具体案例之一,是基于安全的行为管理(Galloway,2015b)。它作为实现安全预控管理的重要方法,初创于 20 世纪 70 年代,经过 50 多年的理论探索,逐渐被广泛应用。BBS 是一种通过观察和分析员工工作时的行为来避免人为错误并提高工作场所安全性的方法。它主要关注积极加强安全行为,同时在发现危险行为时提供纠正反馈。BBS 的成功应用通常遵循以下 7 项关键原则。

(1) 将干预重点放在可观察的行为上。

(2) 寻找外部因素来理解和改善行为。

(3) 用事故规律指导行为,用结果激励行为。

(4) 通过关注积极的结果来激励行为。

(5) 运用科学方法证明干预。

(6) 运用理论整合信息,不限制可能性。

(7) 设计干预措施时考虑内部情绪和态度。

基于安全的行为管理做得最成功的,是美国杜邦公司提出的安全培训观察程序(safety training & observation program,简称STOP),STOP是专门针对纠正人的不安全行为、肯定安全行为的方法(罗晓和张瑞艳,2015)。安全行为观察是一种主动辨识并消除不安全行为,预防事故的工作方法。观察者通过在现场观察员工的作业行为,并与被观察者进行交流,以强化好的作业行为,纠正不安全的作业行为,以提高双方的安全意识为目的,如表2-7所示。

表 2-7 STOP 主要观察内容

观察内容	具体内容	应当思考的问题（不限于此）	例子
员工的反应	观察初始,员工出现的一种短暂的行为现象。当主管出现时,员工可能会立刻停止他们的不安全行为,开始按照安全的方式作业	员工是不是知道正确的工作方法,但没有按标准去做,为什么	①调整或穿戴个人防护装备; ②突然改变工作位置; ③重新安排工作,停止作业或离开现场; ④装上接地线,进行上锁等
员工的位置	在各项作业活动过程中,作业人员与作业对象、作业环境之间的关系	①他所在的位置是否安全; ②他长时间保持固定的姿势工作,是否会感到疲倦; 他是否容易受到伤害	①碰撞物体;跌倒坠落;接触电流; ②被物体砸到或碰到;吞食有害物质; ③身体或身体某一部位处于物体之上、之内或之间; ④接触环境的温度; ⑤极高或极低; ⑥接触有害物质导致吸入等
个人防护装备	避免员工暴露在危险状况下,能提供必要的防御性保护	员工使用的个人防护装备是否合适,是否会正确使用,个人防护装备是否处于良好状态	①在高噪声作业区佩戴护耳器; ②进行酸碱作业时穿戴酸碱防护装备等

续表2-7

观察内容	具体内容	应当思考的问题（不限于此）	例子
工具和设备	使用不正确的工具设备	①使用的工具设备不符合法规标准或企业要求；②工具设备本身是良好的，但是不符合特定作业的安全要求	—
	工具设备使用方法不当	工具设备本身性能是良好的，符合安全要求，只是使用它的方法、方式不合适	—
	使用的工具设备状况不良	工具设备本身存在缺陷，如缺少附件、构件破损等	—
程序与标准	作业程序，为了完成特定工作而制订的符合安全要求的作业规则	管理规定、技术规程、操作规程、应急预案、施工方案等是否有不合适的地方	①作业程序缺失；②作业程序不合适；③程序不被了解；④程序未被遵守等
人体工效学	工具设备的使用方式尽量适合人体的自然形态	是否有使员工注意力分散、安全意识下降的疲劳（肌肉疲劳和精神疲劳）存在	①过度负重；②重复性动作；③处于不良的位置；④长时间保持固定的姿势等
现场环境与秩序	照明、通风、温度、湿度、噪声等现场因素	—	①作业场所是否整齐有序；②工作场所材料的方式是否有序；③过道是否堵塞等

2.3.1.1 将干预重点放在可观察到的行为上

在进行这一步时,我们认为BBS方法建立在行为科学的基础上。BBS关注人们做什么,分析他们为什么这么做,然后应用研究支持的干预策略来改善人们的行为。因为行为安全的指导原则是帮助员工安全地工作,所以"行为"被定义为可以看到某人做的任何动作,它只包括可见的动作,不包括内心的意识、动机等内容。BBS最大的特点是,促使人们以不同的方式思考能观察到的行为,而不是针对人的内部意识或态度。

2.3.1.2 寻找外部因素来理解和改进行为

寻找外部因素解释和改善行为,是组织行为管理的一个主要焦点。在职业安全方面,这种方法被称为"行为安全分析",它包括按照图2-7给出的顺序去回答这些问题。同时,在执行过程中,会遇到一些执行上的问题。

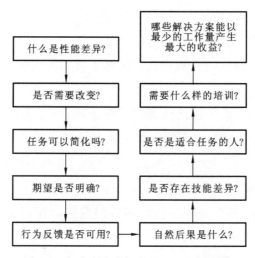

图2-7 行为安全分析中提出的10个问题

(1) 干预行为的任务能简化吗?

在设计改善行为的干预措施之前,实施所有可能的工程"修复"是至关重要的。可以通过多种方式改变环境,以减少体力消耗、接触和重复工作。有时可以添加行为促进器,如具有不同形状的控制设计,以便通过触觉和视觉对行为进行区分;在应用点放置清晰的指令;帮助记忆和区分任务的颜色代码;方便的机器升降机或输送机,以减少体力消耗。

此外,复杂的任务可能会重新设计,在行为安全分析开始时提出以下问题。

- 工程干预能让工作更容易完成吗?
- 能否重新设计任务以减少实际需求?
- 能否增加一名行为促进者,以改善反应差异化、减少内存负载、提高可靠性?

- 能否分担复杂任务?
- 枯燥、重复的工作是否可以交叉培训和交换?

(2) 有快速干预行为的方法吗?

Mager 和 Pipe(1997)基于 60 多年来分析和解决人类行为问题的综合经验得出结论,认为员工因为预期不明确、资源不足或反馈不可用,实际行为可能比预期带来的风险更大。在这些情况下,基于行为的指导或演示可以消除不切实际的对安全的期望,基于行为的反馈可以实现持续改进。

那么,工作小组可以决定需要什么资源来使安全行为更加方便、舒适或高效。在进行行为安全分析时,请提出以下问题。

- 个人是否知道预期的安全预防措施?
- 实践安全工作时是否存在明显障碍?
- 在这种情况下,设备是否尽可能安全?
- 防护设备是否随时可用并尽可能舒适?
- 员工是否经常收到与其安全相关的基于行为的反馈?

(3) 安全行为是否会受到惩罚?

在某些工作文化中,报告轻微伤害或某些小隐患,产生的积极边际效应是很有限的。通常,人们认为这些情况意味着某人不负责任或粗心。人们因穿戴防护装备或使用设备防护装置而受到嘲笑的现象并不罕见。在没有保护措施的情况下工作,冒险走捷径甚至可能被认为是"酷"。Mager 和 Pipe(1997)将这些情况称为"颠倒的后果",并认为它们是许多职场不良行为产生的原因。在行为安全分析过程中提出以下问题。

- 预期行为的后果是什么?
- 安全行为的负面影响是否大于正面影响?
- 哪些安全行为的负面影响可以减少或消除?

(4) 危险的行为会得到奖励吗?

员工做出危险行为,通常源于追求舒适、方便或更有效率等一些自然的积极的想法。大多数人之所以"铤而走险",是因为他们希望得到积极的东西和/或避免消极的东西。当员工冒险时,请提出以下问题。

- 高危行为有哪些短期、肯定和积极的后果?
- 员工是否期望因实施危险行为而受到同事更多的关注,提高声望或地位?
- 危险行为的哪些有益后果被减少或消除?

(5) 额外的后果是否有效？

因为员工选择的追求舒适、方便或效率的行为往往是风险大于安全的行为,所以需要采取一些措施来纠正这种行为。一般采取激励/奖励或抑制/惩罚计划的形式。但这种形式中的抑制计划通常是无效的,我们需要激励"回避行为",而不是奖励仅代表最后结果的成就。比如,我们应该鼓励员工自己在去现场的路上发现没有戴安全帽,因此自觉地不进入现场,返回休息间戴好安全帽再进入现场的行为,而不是重点鼓励没有发生事故等这类结果。同时,只基于结果的安全激励计划,会抑制员工参与有效 BBS 激励计划的制订和管理。在分析利用额外后果激励改进安全绩效的影响时,可提出以下问题。

- 处罚结果能否得到一致公正的执行？
- 安全激励措施能否抑制伤害和未遂事故？
- 安全激励措施是否能激励实现安全过程目标？
- 金钱奖励是否只会促进经济回报行为,并掩盖安全相关行为的真正利益——预防伤害？
- 员工是否被视为完成与安全改进相关的过程活动的个人和团队成员？

(6) 是否存在技能差异？

当员工确实不知道如何做规定的安全行为时,怎么办？这种情况可能需要对员工进行培训,但这是一种相对昂贵的纠正措施。大多数时候员工做出不受欢迎的工作行为不是由于缺乏知识或技能。在分析行为差异是否由缺乏知识或技能引起时,请提出以下问题。

- 如果员工的生命有赖于此,他/她能否安全地执行任务？
- 员工目前的技能是否足以胜任这项任务？
- 员工是否知道如何安全执行工作？
- 员工是否忘记了执行任务的最安全方法？

(7) 需要什么样的培训？

技能维护可以帮助一个人保持技能,这就是定期应急培训的原因。人们需要练习在紧急情况下避免伤害或挽救生命的行为。幸运的是,紧急情况并不经常发生,但因为不经常发生,所以人们需要通过培训来"保持实践",如果小概率事件一旦发生了,他们就会做好准备去应对。

同时,当某些行为有规律地发生,但差异仍然存在时也需要开展技能维护培训。但与需要应急培训的情况相反,这个问题的发生并非因为缺乏实践,相反,员工进行了大量的实践,只是实践的行为无效。在这种情况下,员工可能不断练习巩固了一个坏习惯。

练习适当的基于行为的反馈对于解决这两种类型的技能差异问题至关重要。但是,如果技能被频繁使用但已经恶化,则通常需要添加额外的反馈干预,以规避导致行为偏离理想的自然后果。确定明显技能差异的原因是缺乏实践还是缺乏反馈时,请提出以下问题。

- 期望的技能多久执行一次?
- 行为者是否定期收到与技能维护相关的反馈?
- 行为者如何知晓自己的表现如何?

(8) 这个人适合这份工作吗?

技能差异可以通过以下两种方式来处理,改变工作或改变行为。第一种方法以简化任务为例,而后一种方法则反映在实践和基于行为的反馈中。但如果一个人的兴趣、技能或以往的经历与工作不符,在对某个特定的个人进行技能培训之前,最好先评估这个人是否适合这个任务。如果这个员工没有完成某项特定任务的动力或身心能力,那么成本效益高的解决方案就是调离这个员工。不这样做会降低工作效率,增加人身伤害的风险。确定员工是否有潜力安全有效地处理工作时,请提出以下问题。

- 此人是否具备按要求执行任务的身体能力?
- 此人是否具备处理复杂任务的心理能力?
- 此人是否胜任该工作,当胜任时,是否容易感到厌倦或不满?
- 此人能否学习如何按要求完成工作?

(9) 底线。在决定采用某种干预方法之前,应仔细分析所观察到的期望行为和实际行为之间存在的(所有的)差异,及其所涉及的具体行为和个人。不要冲动地采取纠正措施(如培训或纪律)来改善行为。

2.3.1.3 用激励者指导,用结果激励

这一原则有助于理解行为发生的原因,并指导改善行为的干预措施的设计。当人们被问到为什么要做某件事时,他们通常会说"因为我想做""因为我需要做"或"因为我被告知要做"……这些解释听起来好像是行为的原因先于行为。然而,事实是,我们做某件事是因为我们期望做这件事会带来的结果。正如卡内基(Dale Carnegie)所说:"从你出生之日起,你所做的每一件事都是因为你有所需求。"所以,激活因子(或行为实施前的信号)的作用与支持它们的结果一样,即激励者告诉我们如何做才能带来令人愉快的结果或避免不愉快的结果。

先行行为后果(activator-behavior-consequence,简称 ABC)模型,是一种可以帮助人们检查行为以更好地了解其关键组成部分的工具,包括之前发生的事件以及随

后的后果。通过获取此信息,可以尝试降低不需要的行为参与的可能性,并改为创建新行为。其中"A"表示前情,"B"表示行为,"C"表示后果。

前情——即前因,如接触的某些环境、某些人,参加的某些活动,一天中的特定时间,特定的对话主题等。收集这些信息可以帮助我们了解可能促使行为发生的原因,这在想要进行行为更改时会很有帮助。

行为——个人所做的任何事情。在这个模型中,我们试图理解并可能改变的行为。如尖叫、抽烟、关闭或打开什么等。

后果——指在行为之后直接发生的任何事情,以响应该行为。比如,如果一个人大喊大叫是观察到的行为,则后果是这个大喊大叫的人离开房间,或者这个大喊大叫的人被要求离开房间。这种后果可能会强化行为或试图改变它。

BBS使用ABC模型设计在个人、团体和组织层面上改善行为的干预措施。

2.3.1.4 关注积极的结果来激励行为

通常我们会通过惩罚不想要的行为,或积极强化想要的行为来控制行为。Atkinson和Litwin(1960)比较了那些高度需要避免失败的人和那些高度需要获得成功的人的决策,发现那些有动机实现积极结果的参与者设定了具有挑战性但可以实现的目标,而那些高度需要避免失败的参与者往往会设定过于简单或难以实现的目标。简单的目标设定可以确保避免失败,而设定不切实际的目标则为失败提供了一个现成的借口。大量的行为研究和动机理论证明了积极强化对惩罚偶然事件的主张是正当的,无论是为了改进他人的行为还是为了激励个人遵守规则去支配自身的行为(Malott,1993)。

在工业安全方面,需要在人们心中树立一种观念:他们正在努力取得成功,而不是努力避免失败。

2.3.1.5 运用科学方法进行干预

很多人认为,做好安全工作只需要具备一些"良好的常识",而这样的前提是荒谬的。常识建立在人们有选择地倾听和解释的基础上,通常建立在对听者来说什么是好的的基础上,而不一定建立在什么是有效的的基础上。相反,系统和科学地观察使我们能够获得客观的反馈,知道哪些有效,哪些无效,从而改善行为。

在实施干预过程前后可以对具体行为的发生进行客观的观察和测量。这种科学方法可以提供反馈,从而对行为进行改进,在使用过程中,被缩写为"DO-IT"(图2-8),它使人们能够通过控制和改善安全相关行为,从而避免伤害。

"D"表示定义(define)。这个过程从定义特定的行为开始,将那些需要降低发

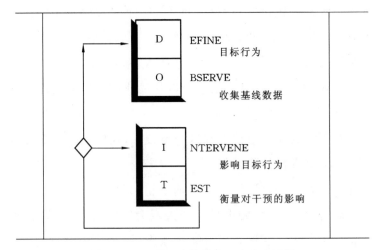

图 2-8　BBS 是一个持续的四步改进过程

生频率的危险行为或需要升高发生频率的安全行为定义为特定行为。通过列清单，可以评估某个特定行为是否能够安全执行，从而有助于精确定义 DO-IT 目标。开发这样的行为定义可以提供宝贵的学习经验。当人们参与制订行为清单时，他们便经历了一个能够改善人的外在行为和内在情感与态度的训练过程。

"O"表示观察（observe）。当人们为了某些安全或有风险的行为而相互观察时，他们意识到每个人都有危险的行为，只是有时可能是没有意识到行为的危险性。观察阶段是一个发现事实的学习过程，有助于发现需要改变或继续保持的行为和条件，以防止发生事故而造成伤害。所以，未经被观察者明确许可，不得进行行为观察。观察者应该从观察后的反馈对话中学习自己希望从完成行为检查表中学到的东西。关于观察过程，小组可以询问以下问题。

- 在一次行为观察中应使用哪种检查表？
- 谁将进行行为观察？
- 行为观察多久进行一次？
- 如何总结和解释清单中的数据？
- 如何告知人们行为观察的结果？

"I"代表介入（intervene）。在这一阶段，干预措施的设计和实施目的在于增加安全行为或减少危险行为。干预意味着改变系统的外部条件，以便使安全行为比危险行为更有可能发生。在设计干预措施时，最具激励性的结果是快速、确定和可观的，积极的结果比消极的结果更可取。在检查表上观察和记录安全和危险行为频率的过程为个人和团体提供了一个基于行为的有价值的反馈机会。

当行为观察的结果反馈给个人或团体时，他们会收到某种信息，使他们在实践中能够提高绩效。大量研究表明,向员工提供有关其持续行为的反馈是一种非常经济有效的干预方法。除了行为反馈外,研究人员还发现了一些其他的干预策略,这些干预策略也可以有效地提高安全工作实践绩效,其中包括员工设计安全标语、撰写"未遂事件"和纠正措施报告、制作安全行为承诺卡、设定个人和团体目标、制作积极关怀的感谢卡、制定安全指导以及针对个人或团体的激励/奖励计划。

"T"表示测试(test)。测试阶段为工作组提供了观察需要的信息,以改进或替换行为更改干预策略,从而改进过程。一方面,如果观察结果表明目标行为没有发生显著改善,工作组将分析和讨论当前情况,并改进干预措施或选择另一种干预方法。另一方面,如果目标达到期望的频率水平,参与者可以将注意力转移到另一组行为上。可以在检查表中添加新的关键行为,从而扩大行为观察的范围,或者设计一个新的干预程序,只关注新的行为。每次参与者评估干预方法时,会学到更多关于如何提高安全绩效的知识。

2.3.1.6 用理论来整合信息,而不是限制可能性

行为科学中的许多重要结论都是由探索性调查得出的。研究人员系统地观察干预前后发生的行为,以回答"我想知道如果……会发生……",而不是"我的理论正确吗?"在这些情况下,研究人员根据自己的行为观察,而不是特定的理论,修改研究设计或观察步骤。总之,他们的创新研究是数据驱动的,而不是理论驱动的。这对于安全专业人员来说是一个重要的视角,尤其是在应用 DO-IT 方法时。对提高安全性能持开放态度往往比积极支持某一过程要好。

在对 DO-IT 方法进行多次系统应用之后,可能会出现明显的一致性,即某些程序在某些情况下会比其他程序工作得更好。

总结干预影响与特定情境或人际特征之间的关系,可以发展一种基于研究的理论,即什么行为在特定环境下最有效。这意味着要利用理论去整合在系统行为观察过程中获得的信息。

2.3.1.7 考虑内部感受和态度的干预设计

我们实施干预措施的方式可能会提升或降低授权感,建立或破坏信任,培养或抑制团队合作和归属感等。因此,评估与干预过程同时发生的感觉状态或感知也是很重要的。这可以通过一对一的访谈和小组讨论非正式地完成,也可以通过感知调查正式完成。

因此,关于实施哪种干预措施以及如何改进现有干预程序的决定,应以客观的行为观察和对感觉状态的主观评价为基础。然而,通常情况下,可以使用"同理心"

来处理，即通过想象自己经历了一系列特定的干预程序，并询问"我会有什么感觉"来评估干预的间接内部影响。

2.3.2 第一部分2：改变行为的流程

有效的 BBS 过程需要仔细分析目标行为发生的背景，随后，改变行为的干预需要设计、实施和评估，这反映在 DO-IT 过程中(Geller，2001)。事实上，之前总结的每个 BBS 原则都体现了制订干预程序或评估干预影响的准则。此外，选择何种改善安全相关行为的干预过程应取决于风险行为是无意的、他人导向、自我导向中的哪一种。改变行为的流程如图 2-9 所示。

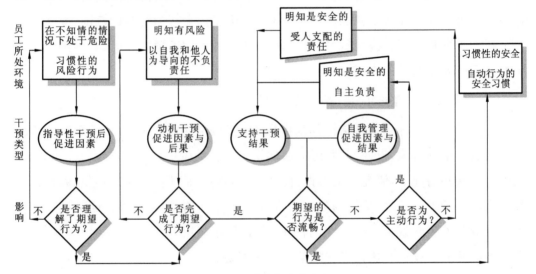

图 2-9 改变行为的流程

改变行为的流程图描述了 4 种能力状态(在不知情的情况下处于危险中、明知有风险、明知是安全的、习惯性的安全)和 4 种干预方法(教化干预、激励性干预、支持性干预、自我管理)之间的关系。当人们不知道安全工作实践(即他们故意处于危险之中)时，他们需要反复地被指导干预，直到他们知道该做什么。

2.3.2.1 4 种风险行为

风险行为主要有 4 种，即他人导向的风险行为、自我导向的风险行为、有意识的风险行为和习惯行为。

他人导向的风险行为，是指自己的思想和行动主要由外部规范而不是自己的价值观尺度指导。

自我导向的风险行为，是指自己作出决定并支配自己去做，而不是由其他人告诉该做什么。

第 2 章
安全行为——逻辑理性与生命情感

有意识的风险行为,是指明知自己的行为很危险的情况下发生的行为。

习惯行为,即当某些行为在一段时间内频繁且一致地执行时,它们就会自动发生。

在工业环境中,与安全相关的行为通常是从其他人的指示开始的,即员工遵循其他人的指示。这种指示可以来自培训计划、操作手册或政策声明。当员工学习了该做什么(主要是通过记忆或内化适当的指令),他们的行为可以成为自我导向的行为。比如,员工们在做了一件事后会自言自语,以保证自己做得正确,他们利用自我对话找出下次做得更好的方法。在这一点上,他们通常会接受良好的纠正性反馈。

有些习惯是好的,有些是不好的,这取决于它们所带来的短期和长期结果。如果实施正确,奖励、认可和其他积极的结果可以促进行为从自我导向状态转移到习惯状态。

当然,自我导向的行为并不总是可取的,比如,当员工在明知有风险情况下尝试去冒险时,仍故意选择忽略安全预防措施,以便更有效地工作时,这种状态可以被认为是"有意识地处于危险之中",在这种情况下,很难将自我导向的行为从危险转变为安全,因为这种转变通常需要个人动机的相关改变。

在坏习惯转变为好习惯之前,人们首先需要意识到自己的不良习惯,才有可能调整。然后,如果人们有动力去改进(也许是因为反馈或一个激励/奖励计划),那么他们新的自我导向行为就可以自发地发生。

2.3.2.2 4 种干预策略

我们在讲干预行为时,阐述了 ABC 模型。ABC 模型是一个框架,用于理解和分析行为发生的原因,以及开发改善行为的干预措施。考虑前情和结果是员工外部的(比如环境中),或者内部的(比如在自我指示或自我识别中)。它们可以是行为的内在或外在因素,也就是说它们提供了方向或动机。当一项任务被执行或者被添加到外部环境中以提高性能时,激励/奖励计划是外在的,它增加了一个前情和一个结果来引导和激励人们的行为。目前主要有 4 种干预策略。

1. 培训干预(或指导干预)

培训干预通常是一种前情事件,用于启动新的行为或将行为从自动(习惯)阶段转移到自我指导阶段。或者,它被用来改善已经处于自我导向阶段的行为。其目的是引起员工的注意,并指导员工从不知情的危险状态过渡到知情的安全状态。假设员工愿意改善行为,所以不需要外部激励——只需要外部的指导。

这类干预主要由前情组成,如教育课程、培训练习和指导性反馈。目的是指导,所以干预先于目标行为,重点是帮助员工将指导的内容内化。

2. 支持性干预

练习对于行为成为自然规律的一部分很重要。持续的练习使行为变得流畅（即快速准确的行为），在许多情况下形成自动或习惯性行为。员工需要支持，以保证员工的行为是正确的，并鼓励员工继续前进。

尽管培训干预主要由前情组成，但支持性干预侧重积极结果的应用。因此，当收到对特定安全行为的奖励性反馈或认可时，员工会感到被欣赏，并且更有可能再次做出这种行为。每一次所期望的行为都有助于良好习惯的养成。支持性干预之前通常没有特定的前情，即自我导向行为的支持不需要培训先行因素。

3. 激励性干预

当员工知道该做什么而不做时，则需要一些外部的鼓励或压力来改变。单靠培训显然是不够的，在安全方面，这被称为"计算风险"。当人们意识到风险行为的积极结果比消极结果更为强大时，员工就承担计算风险。舒适、方便和高效率的积极结果是直接和肯定的，而危险行为（如伤害）的消极结果被认为不仅是遥远的，还是不可能的。在这种情况下，通过向员工承诺如果他们执行了某个目标行为就会产生积极的结果来激励他们是有效果的。承诺是激励，结果是回报。

4. 抑制性干预（自我管理）

在安全方面，激励性干预没有抑制性/惩罚性干预常见。抑制性干预采取的形式是根据某种规则、政策或法律决定的，如果人们不遵守或冒一定的风险，就有可能给他们带来负面后果（惩罚）。通常，抑制性干预是无效的，因为与伤害一样，负面后果或惩罚似乎是遥远和不可能发生的。这些执行计划的行为影响通过加重惩罚和惩罚更多的人承担计算的风险而得到加强。惩罚威胁似乎挑战个人的自由和选择，因此这种改变行为的方法可能适得其反，引发更多有计划的冒险行为，甚至引发破坏、盗窃或人际攻击。

2.3.3 第一部分3：保持已经改变好的安全行为

干预方法可以改变行为，但是当干预被移除时，已经改变好的安全行为会继续保持吗？

2.3.3.1 行为自我知觉

行为自我知觉是指员工个体通过观察自己的公开行为和/或这种行为发生的环境来推断自己的态度、情绪和其他内部状态，从而"了解"自己的态度、情绪和其他内部状态是否符合安全行为的要求，寻找差距以便不断纠正。

当强化是偶然时,行为能否保持成谜,因为能否保持强化的结果反映了员工个人信仰或自我认知。当强化按计划进行时,那些受到轻微威胁或以低报酬来激励行为的员工们,会发展出与他们行为一致的自我感知。

2.3.3.2 培养安全习惯

习惯是人类大脑框架的重要组成部分,习惯是无须在每一步都做出小决定的前提下允许员工个人执行的行为。事实上,习惯约占人类行为的40%。

为什么要把已经改变好的安全行为发展成习惯呢?因为良好的安全习惯可以有效防止自满。虽然安全习惯在对抗许多人为因素方面只能提供有限的好处,但企业仍花费大量的成本进行安全培训,主要是因为安全培训不仅可以教员工安全技能,还可以使员工在培训的有效期内保持专注和对抗自满。习惯反映对日常安全行为的控制程度,安全行为能否发展成习惯,在于人们能否在日常工作中保持对安全的专注。

如何把安全行为发展成习惯呢?首先,就时间而言,这不是一夜就能培养的。一项关于改变习惯的研究发现(Lally et al.,2010),养成一个新习惯至少需要21天,随后的研究证实,21天通常是最理想的情况,习惯形成的中位时间是66天。其次,应积极鼓励员工培养安全习惯。由于普通人需要不到10周的时间来养成一个新习惯,而少数员工需要更长的时间,因而在建立新习惯所需的时间内,基于伤害的恐吓策略和老派的大喊大叫,可能会在当下纠正行为,但在新习惯形成之前,这种影响会消失。所以,采取基于鼓励和支持的方法可为良好的安全行为提供积极的强化。最后,挖掘员工的有效动机,因为动机是员工投入时间养成习惯背后的"原因"。如果员工认为自己的行为足够安全,他们可能会质疑改善习惯的必要性。同时,最有效的动机源于员工的非工作生活。因此,努力证明安全习惯有益于家庭生活、个人活动、爱好或休闲运动,可以在调动员工培养安全行为的动机中起到积极的作用。

2.3.4 第二部分:主动提升安全行为

员工的安全行为从观察分析到纠正,再到保持。当进入到员工主动提升安全行为这一阶段时,研究的方式就已经从直接作用转到间接影响了。

在安全领域里,间接影响安全行为的最佳工具是安全文化。

2.3.4.1 积极主动的安全文化模式

有研究显示,某些心理状态或期望会影响个人主动关心环境的倾向和他人的安全,并且某些条件(包括行为的前因和后果)可以影响这些心理状态,从而提高个体产生积极主动的相关行为的可能性(Geller,2022)。

构建员工积极主动的安全文化模型旨在激发员工积极主动参与安全改进工作意愿的安全文化(图2-10)。

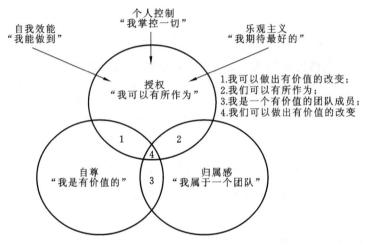

图2-10　构建员工积极主动的安全文化模型

影响自尊的因素包括沟通策略、强化和惩罚突发事件及领导风格。建立自尊的方法包括为个人提供学习和指导同伴的机会;增加对理想行为和个人成就的认可;征求和跟进某人的建议等。

增加员工归属感的方式包括减少自上而下指令和降低"快速修复"程序的频率,增强团队建设讨论、团队目标设定和反馈,强化团队庆祝过程和结果成就,以及使用自我管理(或自我指导)的工作团队。

授权通常是指授权责任或共享决策。相比之下,授权的心理学视角侧重于接受者对增加的权力或责任的反应。赋权观要求个人相信"我能有所作为",这种信念随着个人控制感、自我效能感和乐观主义的增强而增强。这种授权状态被认为会增强"有所作为"或超越职责范围的动机(或努力),并且这种直觉假设得到了经验支持。

2.3.4.2　支持积极主动的安全文化模式

在支持企业建立积极主动的安全文化模式时,应注意以下3个方面。

(1)自尊。有研究表明,自尊心较强的员工更有可能积极主动要求自己,同时还会为别人提供安全帮助(Batson et al.,1986)。

(2)归属感。Blake(1978)研究了现实世界中群体凝聚力与积极主动的终极目标——利他主义与自杀之间的关系。在第二次世界大战和越南战争期间,更小、更精锐、受过专门训练的战斗单位(如海军陆战队和陆军空降部队)在"手榴弹行动"

（即自愿使用自己的身体来保护他人免受爆炸装置的伤害）中所占的比例要比更大、更不专业的单位（如陆军非机载部队）大得多。这个研究成果为我们建立具有归属感的班组提供了一些思路。

（3）个人控制主要分为内部控制和外部控制。内部控制，主要是指员工因为具备知识和技能，通常会认为自己对安全有个人控制力；外部控制，主要是指员工相信运气、机会、命运等因素对自己的安全有重大影响。对于员工个体来说，看重内部控制还是外部控制，和个人的乐观态度有密切关系，往往乐观的人的控制力相对不乐观的人要小（Perry，1980）。

在建立积极主动的安全文化模式的过程中，应对员工的自尊、归属感、个人控制等内容进行调研分析。

第 3 章　个体安全行为——具体且系统

> 人是万物的尺度,是存在者存在的尺度,也是不存在者不存在的尺度。
>
> ——普罗泰戈拉(Protagoras,约前 490 或 480 年—前 420 或 410 年)

3.1　引　言

　　世上有很多人像佛陀一样,秉持着"让世界变得更美好"的大情怀和大梦想,但他们是通过技术实现的。在 21 世纪的今天,生老病死这些问题,已经被纳入技术的解决范畴。人类延伸自我的方式就是发展能改变生命本身的技术,而这也昭示了未来将是有机世界和合成世界的"联姻",未来一定是人类和机器人的"联姻"。人类的发展将进入一个全新的时代,即人类 2.0 时代。

　　《道德经》中的"持而盈之,不如其已;揣而锐之,不可长保",意在告诫我们不要为外物所累而不能自拔,要无为。无为不是懒,而是超越无度和在紧张生活中展现出的一种纯粹有效的方法。"善行无辙迹,善言无瑕谪,善数不用筹策"更是告诉我们这一纯粹有效的方法还需要一个超凡的基础,就像渔夫能用一根细线钓到大鱼,是因为那根线制作得非常精细,没有一处会断裂。这个基础就是"无为"背后的"为",外表看来毫不费力的"无为",是不强迫、不紧张,但"无为"是为了更好地"为",我们需要在"无为"里寻求空间并在其中"为",像庖丁解牛一般。

　　安全管理的"无为"如何实现,要想实现安全管理"无为"背后的"为"需要做些什么呢?如果这个"为",就是欧阳修笔下卖油翁般的"我亦无他,惟手熟尔",是否就可以了?在人类 2.0 时代,甚至不需要人参与,酌油时,智能化技术已能轻松达到"取一葫芦置于地,以钱覆其口,徐以杓酌油沥之,自钱孔入,而钱不湿"的水平。显然达

第 3 章
个体安全行为——具体且系统

到精准且水平稳定的技术,席卷的不单单是油翁的手熟(即技艺),还有庖丁手里的刀(即工具),甚至还有庖丁(即操作者)。

同样,在安全行为学的发展过程中,也有无数如佛陀一般觉醒的人和如老子一般寻求如何"为"的人。安全行为学依托于起源于 20 世纪初的行为科学,行为科学依托于心理学,而人类对自身心理一直都具有强烈的好奇心。追求对人自身的理解,是从古至今人类文明的理性需要。从心智是"原子的一种纤细活动"到心智的本质是充分"认识你自己",从柏拉图的《理想国》中心智过程的"理性、意气、欲望"到亚里士多德的《灵魂论》中理性的部分和非理性部分(非理性部分又包括植物灵魂和动物灵魂),近代以来众多学者对心智本质问题进行了探讨。大家都在试图回答"为什么这个星球上有无数的生物体,只有人类才具有高级的心理功能"?当人处于清醒状态时,无时无刻不在接受着外界的各种信息,不管是有意还是无意,在阅读、说话、思考甚至衣食住行的各个方面,都要有选择地接受某些信息,并对其进行进一步的转换、简约、编码、储存和提取。而对信息的加工过程,就发展为人们今天所说的认知心理学。

安全行为学以行为安全观察为重,行为科学不仅为此提供了坚实的实证基础,更是把员工安全行为这一研究对象向科学化推进了一大步,并主张对员工安全行为的研究就是对行为进行预测和控制,但却忽视了对员工心智的过程本质的探讨。从 20 世纪 50 年代中期开始发展的认知科学,将被行为科学排到后面的人的高级心理过程重新推向了前台,注重对人的注意、知觉、记忆、思维、语言等高级心理过程的研究,并以 3 条路线突飞猛进。其一是以符号为定向,以计算机为比拟,通过符号的串行加工方式建立心理模型,即符号加工论认知心理学;其二是以人脑的神经系统为比拟,试图通过神经网络的平行加工方式建立心理模型,即联结主义认知心理学;其三是认为人的所有心理活动都是由文化背景塑造的,主张在具体的现实环境中研究人的心理,即生态论认知心理学。3 条路线都为今天的安全行为学提供了从行为外表进入员工内心的一扇门。

目前,员工安全行为的研究在认知科学的推动下,有两个主要发展方向:其一是分析,目的是帮助人们在理解人-机交互的作用机制基础上,探讨人-机系统的安全结构,分析标准是人的有限性上的"是否可以接受";其二是评价,目的是有效预测人-机系统现有的或未来的安全表现。无论是分析还是评价,都是为了保障人-机系统在生命周期中的本质安全。

3.2 个体安全行为理念

3.2.1 对人的行为的解释

3.2.1.1 科学问题

解释人类复杂行为的知识，主要来自于认知心理学。认知心理学由巴甫洛夫（Ivan Petrovich Pavlov）和华生（John Broadus Watson）以反射为基础研究复杂行为开始，是一门从简单走向复杂的科学。

但心理学研究人的行为，是从多个角度且不分前后顺序开展的。我们不是非要对人的神经元、神经突触有了清楚了解后才能提出生理学理论，也不是非要有生理学理论后才能着手研究人的高级复杂行为。这和物理学发展是相似的，我们去研究一个苹果从树上掉下来，不必同时去研究苹果的原子结构，也不必等到苹果的原子结构研究清楚后，再去研究整个物体力学。再进一步，对于计算机的研究，我们也不一定非要对硬件有清楚的了解后才能去研究软件，对计算机程序的编写也是可以进行单独研究的。这不是理论水平之间没有关系，而是从不同水平去研究，在研究中考虑它们之间的相互关系。所以，目前心理学有3种级别的研究，如表3-1所示。

表 3-1 心理学 3 种级别研究

分级	主要内容	举例
第一级水平	研究复杂行为	对问题解决、概念形成、语言现象等进行研究
第二级水平	研究简单的信息加工过程（以反应时间、干扰时间为指标）	对光电的感觉，图形、知觉的形成等进行研究
第三级水平	研究生理水平	对中枢神经过程、神经结构等进行研究

当心理学研究越来越深入的时候，人们对这3种级别都有所了解，对它们之间的关系也就有了较深入的认识。当前的心理学研究领域多集中于对复杂行为和简单信息加工的关系，对它们的生理过程也有揭秘。经过几十年的发展，我们已经能够初步说明复杂行为是怎样通过简单信息加工进行的，但对简单信息加工过程与生理过程的关系还不太清楚（西蒙，2022）。

同时，用心理学来解释人的行为还存在一个科学问题。发明巴氏杀菌的巴斯德

(Louis Pasteur)提出了"细菌理论",即疾病是由微生物的活动引起的。但这个理论既不是定量规律,也不是很精确,因为有很多疾病并不是由细菌引起的,如坏血病由体内缺少维生素C引起。但为什么人们还要继续承认这个规律是基本规律呢?因为它对人们寻找疾病产生的原因发挥了指导性的作用。同样,心理学领域也有很多类似的"理论"。比如,"人类在解决问题过程中受短时记忆的限制,受计算能力的限制",这个理论就并不是很精确;再比如,安全领域中的"很多事故是由人的不安全行为造成的",这个理论也存在类似的情况。这些理论能存在,并不是因为它们是绝对正确的,而是因为这些理论可以引导我们去分析问题,具有一定的指导作用,所以它们就有存在的空间。

另外,我们还需要看到行为的复杂性。当把人类机体作为研究对象时,其本身的复杂性是鲜明的。首先,因为人总处于一定的环境之中,且适应性很强,人的行为既决定于机体本身,同时又是适应环境的结果。所以,仅描述人的机体本身是不够的,还需要研究机体与周围环境的关系。其次,同一个人在同样的环境中可以有不同的反应,即个体差异,这就导致了研究结果的不确定性。假若我们以考虑人的一般行为为目的,设法忽略个体差异,那么我们就会发现人类行为还是有明显的一般规律,而且人与人之间的差别也不是很大。

3.2.1.2 解释的基础

人受到生理、心理及各种情景环境因素的影响,其潜在的认知行为是异常复杂的,因此,在传统的可靠性和安全性工程中,将人看作类似机器的简单输入输出系统其实是不得已而为之的简化之举。为了描述人的认知行为,引入认知模型。认知模型力图使用半结构化的方式描述人的认知行为,这有助于从理论上解释人为差错的发生、发展过程,可以为研究员工安全行为提供理论支持。

对复杂行为进行研究的认知心理学的理论主要以3个心理学派别作为基础,即新行为主义学派、信息加工学派、格式塔心理学派(表3-2)。

总之,认知心理学用信息加工过程来解释人的复杂行为,并吸收了行为主义和格式塔心理学的有益成果。

人的复杂行为可以通过不同途径进行研究,心理活动的不同层次关系可以和机器做比较,如图3-1所示。认知心理学主要研究高级层次的思维策略与中级层次的初级信息加工过程之间的关系。

表 3-2　三个心理学派的主要特点

分类	主要特点	备注
新行为主义学派	用还原主义的方式,把复杂的心理现象分解为各个简单的部分,并研究比较简单的初级现象。 提出"刺激-反应"模型,模型不涉及大脑中的活动,但涉及过去的经验	强调客观的实验方法,要求对实验严格加以控制,其结论能被反复验证
信息加工学派	在"刺激-反应"模型基础上考虑大脑记忆。 当受试者受到刺激时,要依靠头脑中的经验才能决定作出什么反应。 经验,是包括机体的状态和记忆存储的内容。 反应过程涉及刺激和受试者当前心理状态(即记忆中存储的结构)	主要解释复杂行为
格式塔心理学派	认为在解决复杂问题的过程中,不能只靠简单的试错法,还需要"顿悟"。 认为知觉的基本规律是人生来就有的,并不受经验的影响。 不同意把复杂行为依据"刺激-反应"模型分解	主要解释复杂行为

层次	人类	机器
高级层次	思维策略	机器程序
中级层次	初级信息加工过程	机器语言
底级层次	生理过程 (中枢神经系统+神经元+大脑)	机器硬件

图 3-1　人和机器的由简单到复杂分级

认知心理学的目的就是要说明和解释人在完成认知时是如何进行信息加工的,以及是如何学习的。人在活动过程中,机体本身会发生一定的变化,这些变化使他在以后的活动中能更快、更灵活地完成某种作业,并且不经联系也能完成其他同类的作业,这就是学习。

3.2.1.3 解释的工具

最初是用数学理论来对人的行为进行解释的,但这面临一个问题,即首先要把人的行为转化成数字,但人类的许多智能活动很难用数字来表达,所以建立关于人的智能活动的数学模型是很困难的。这也说明了数学所用的语言不适合研究人的行为。

计算机程序语言的形式比经典数学的形式更适合表示和描述人的行为现象。这个工具首先是把人看成一个信息加工系统,信息加工系统也被称为"符号操作系统"(symbol operation system)或"物理符号系统"(physical symbol system)。无论叫什么,都有"符号"这个词,符号就是模式(pattern),任何一种模式,只要它能与其他模式区别,它就是一个符号。一个完善的符号系统需要具备 6 种功能,如表 3-3 所示。

表 3-3 符号系统的功能

功能	具体内容	人	机器
输入符号	纸、笔、手的运动,可以在白纸上输入符号	眼睛看,耳朵听,手触摸等	卡片打孔,键盘敲字等
输出符号	当我们看到纸上的符号,并阅读的时候,文字符号就从纸上输出	说话、写字、各种动作等	显示器显示,打印机打印等
存储符号	—	用大脑记忆	光盘、U 盘等
复制符号	认出"安全"两个字,并把这两个字复制出来	上课听讲	编制程序达到目的
建立符号结构	通过找到各种符号之间的关系,在符号系统中形成符号结构	把老师讲的知识在自己脑子里建立结构	
条件性迁移	依赖已掌握的符号来继续完成行为	举一反三	

物理符号系统的假设,即任何一个系统,如果它能表现出智能的话,它就必须能执行上述的 6 种功能。反过来,任何系统,如果具有这 6 种功能,它就能表现出智能。因为人是物理符号系统,具有智能,计算机也是物理符号系统,也具有智能。目前,按照人类思维过程来编制计算机程序的研究发展强劲,而这一研究为用计算机形式描述人的活动过程,或建立一个理论来说明人的活动过程提供了窗口。认知心理学就是试图用物理符号系统假设中的基本规律来解释人类复杂的行为现象。认知心理学的发展极大地促进了机器的智能化水平发展,这让人类在与机器互动过程中,感到机器越来越"懂"自己了。

3.2.2 人-机系统

3.2.2.1 发展背景

今天，人类不断与机器或其他无生命的系统进行交互。这种交互包括开关一个台灯，操作一台电脑，控制一架飞机等。在人-机交互过程中，人与机器的交互以及控制组件一并组成了一个系统，每个系统都有一个目标。系统目标能否实现取决于无生命部分（如电源、电线、开关、台灯、电脑、飞机等）的性能和操作者的绩效水平（如年长虚弱者不能按动开关，小孩个子矮够不到开关）。

1986年1月28日，航天飞机"挑战者号"在发射过程中，右侧固态火箭推进器上面的一个O形密封环失效，并且导致一连串的连锁反应，飞机在升空73秒后爆炸解体坠毁，机上的7名宇航员都在该次事故中丧生。2003年2月1日，航天飞机"哥伦比亚号"在发射时，防热罩被从燃料箱脱落的泡沫材料碎块击中而严重受损，导致航天飞机在空中解体坠毁，机上的7名宇航员丧生。这两起悲剧都是由设计缺陷、松散的安全管理及一系列不合适的决定造成的。

1994年9月28日，瑞典的"爱沙尼亚号"客轮，因船首舱门锁在狂风巨浪的冲击下松动脱落，导致大量海水涌入船舱后沉没，死亡823人，这是欧洲自第二次世界大战后最严重的一次海难。糟糕的设计和维护导致了船首舱门锁的故障，船员对事故也缺乏快速应急反应。

2007年4月18日，辽宁省铁岭市清河特殊钢有限公司发生一起钢水包倾覆特大事故。在作业过程中，起重机电气控制系统发生故障，钢水包下坠失控，再加上事故起重机设计存在缺陷，未能有效阻止钢水包下坠倾覆，造成正在加热炉边开交接班会议的员工32人死亡，6人重伤。同时，该公司用安全可靠性等级低的通用桥式起重机代替冶金行业专业起重机进行调运钢水包作业，特检和安评机构也并未对此重大隐患提出整改措施。

无论是"挑战者号""哥伦比亚号"航天飞机失事，"爱沙尼亚号"客轮沉没，还是铁岭钢包坠落，都可以归结为系统中机器问题和操作员（包括所有参与此系统的人员，统称为操作者）的差错。所以，系统有效性既依赖于机器，也依赖于操作者。

通常在系统里，机器运行设计的自由度要大于操作人员的自由度，即我们可以对机器部分进行重新设计或改善，而不能期望对操作人员进行重新设计或改善。虽然可以对操作人员进行充分的训练，但人类的很多局限是很难打破的。所以，在人机互动过程中，要优先考虑人的基本能力，以便系统的机器部分能充分发挥人的能力。

3.2.2.2 特点

人-机系统的性能取决于操作员、机器及所处的环境(普罗克特和范赞特,2020),如图 3-2 所示。

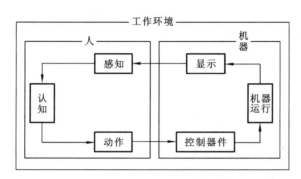

图 3-2 人-机系统(人和机器构成更大环境中运动的子系统)

需要强调的是,工作环境对系统的性能是有影响的。如果机器长期处于一个非常热且潮湿的环境,它的组件可能受损导致系统失效,同时,这也会影响操作者的行为。工作环境不仅有其物理特性,还受社会、组织等因素影响。人-机系统具有以下 7 个特点。

(1) 操作人员是人-机系统的一部分。

我们必须在整个人-机系统中评价人的行为。即我们必须考虑操作环境中具体的系统性能,并基于系统研究人的行为。

(2) 系统的目标高于一切。

系统的建立是为了实现特定目标,如果目标不能实现,就可认为系统设计是失败的。因此评价系统所有的方面,包括人的行为,必须基于系统的目标。设计过程的目的是以最佳的方式实现系统的目标。

(3) 系统是分层级的。

一个系统可以分级为更小的子系统、组件、子组件和部件。系统层级中的较高级别是系统功能,而较低级别则是具体的物理组件或部件。人-机系统可以分解为人和机器的子系统,而人的子系统必须满足总的系统目标。即组件和部件代表了完成特定任务的策略和元素性的脑力和体力动作。我们可以通过考虑人的子系统和机器的子系统的组件构建目标和子系统的层级。

(4) 系统和组件具有输入和输出特性。

我们可以识别子系统的输入和输出。安全管理者特别关注机器对人的输入,以及人作用于机器的动作。由于人的子系统可以分解为子流程,因而更应关注子流程的输入和输出特性,以及差错是如何发生的。

(5) 系统具有结构性。

系统组件的组织和构建是为了实现目标。这个结构为系统提供了本身的具体属性,即整个系统的属性来自系统的子部分。通过分析系统中每个组件的性能,可以对整个系统的性能进行控制、预测和完善。为了强调整个复杂系统的属性,推荐使用认知工作分析,将整个系统,包括人和机器作为一个智能认知系统进行研究,而不是单独分析人的子系统和机器子系统。

(6) 失效的系统组件导致系统性能的缺陷。

系统总体的性能由系统组件的特性和相互交互作用所决定。因此,如果系统设计是为了实现具体的目标,则必须将系统的失效归结于一个或多个系统组件的失效。

(7) 系统在更大的环境中运行。

如果脱离了系统所处的更大的物理和社会环境,那系统本身就很难理解。如果在系统设计和评价过程中没有考虑环境因素,那么对系统的评价是不全面的。尽管系统和环境之间的差异很容易理解,但它们之间的界限并不非常明确,正如子系统之间的界限也不明确一样。

3.2.3 人-机交互

3.2.3.1 人-机交互

人-机交互(human-computer interaction,简称 HCI)是近 20 年来发展最迅速的学科之一,人-机交互涉及认知、物理和社会等多方面的问题,这些问题在每一个显示和数据输入设备中都有所体现。因此需要设计合适的复杂信息呈现方式,使人类脑力负荷最小,可理解程度最佳,还要考虑针对群体的设计,该设计要能够支持团队的决定和表现。目前,人-机交互研究最多的领域是在设计时考虑机器的物理特性和人的认知因素(比如人的记忆能力的局限)。

3.2.3.2 人-机交互模型

使用最广泛的认知架构是"推理-思维"的自适应模式/感觉-运动(ACT-R/PM)(Anderson et al.,2004)、状态、操作人员和结果(SOAR)(Lehman et al.,1996)、执行过程交互控制(EPIC)(Kieras et al.,1997)。因为这些架构都基于产生式规则,所以可以归为产生式系统。产生式规则是一个"如果……那么……"式的声明,即如果满足一系列条件,那么就执行一个脑力或体力动作。这些架构可以提供对整个人的信息处理系统的描述,尽管它们在架构的细节和运行的层级上有所不同。

对于执行过程交互控制(图 3-3)来说,信息输入听觉、视觉、触觉处理器中,然后形成工作记忆。工作记忆是认知处理器的一部分,而认知处理器则是一个产生式系统。除了产生系统性的任务知识,也产生与任务行为多个方面相关的执行知识,因此命名为"执行过程"。眼动、声动、手动处理器控制产生式系统选择的响应。同时,所有的处理器并行工作。

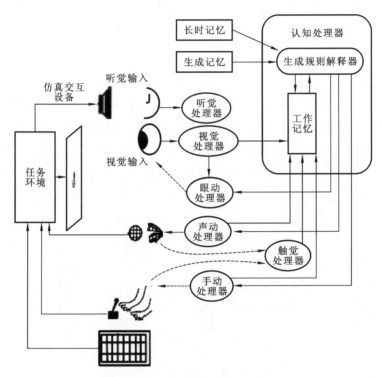

图 3-3 人执行过程交互控制模型

3.2.4 人的信息处理

人在复杂的环境中生活,按照进化论的基本观点,人必须适应环境。而适应环境的需要使人发展了各种各样的认知技能,也使人产生了有限合理性的行为。所谓有限合理性的行为,是指人并不一定要确切地解决复杂的问题,而只是希望问题得到满意解决,满意解决的程度则取决于人脑的能力和所获得的信息。然而,对问题的满意解决也促进了确切解决。因为人的行为具有有限的合理性,所以在一般情况下无须进行大量的计算,以得到确切解决,而只是借助启发获得满意解决。同时,人能把注意力集中到某一任务上,也是能适应复杂环境的基本机制。总之,以有限合理性满意地解决问题,运用启发式,能集中注意力,这是人脑的信息加工特点。

信息处理是人的行为的核心。在人与系统交互的情况下,操作人员必须感知信息,必须将信息转化成不同的形式,必须在感知和转化信息的基础上进行动作,并且对动作的反馈进行反馈,评估对环境的影响。

在研究人的行为时,将人看成一个通信系统,在环境中接受输入,对该输入进行动作,然后向环境进行一个输出反馈。使用信息处理方法建立模式以描述人的信息流,这与系统工程师使用模型描述系统的信息流类似。人的行为的信息处理描述了人如何在认知过程中,对感知系统进行编码。

3.2.4.1 举例:从人的视觉信息处理到行为的过程

视觉信息处理行为模型(Townsend and Roos,1973),是描绘简单的信息处理的模型。这个模型解释了在视觉呈现刺激下,在各种不同的任务中人的行为响应。模型由一系列的子系统组成,包含感知子系统(即视觉形成系统)、认知子系统(即长期记忆组件、有限容量翻译器和听觉形成系统)、动作子系统(即响应选择和响应执行系统)。这些子系统在视觉符号的呈现和身体响应的执行之间形成干涉。信息在各子系统间流动,如图3-4所示。

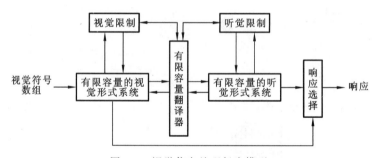

图 3-4　视觉信息处理行为模型

安全管理者,主要基于行为和生理学的数据推断认知过程是如何发生的。通过这个模型,可以预计不同刺激和环境条件下员工的行为,并以预期与经验数据进行对比的方式评价模型的有效性。与经验数据相关性高的模型比其他模型更加可信。但是可信的模型不只是简单解释有限的行为数据,还必须与其他的行为现象和已知的神经心理学知识相一致。

在工业控制环境中考虑决策-支持系统的问题。在执行监视任务及进行紧急管理时,系统通过提供在当前环境中最合适的动作信息帮助操作人员。系统行为是否最优取决于系统提供的机器信息和操作人员期望响应的方式。信息越有效、越一致,操作人员的绩效水平越高。

人的社会已经变成一个信息处理社会。信息处理方法为理解组织人的行为提供了一个适当的框架。它是理解任务组件分析的基础,这一基础依赖于感知、认知和动作过程。

3.2.4.2 信息处理通用模型

三阶段模型(图 3-5),是一个通用的信息处理模型,该模型区分了呈现刺激和执行响应之间的 3 个阶段(Knoblich et al.,2006)。与感知和刺激识别相关的早期过程处于感知阶段。随后的阶段是包含决策和思想的中间过程——认知阶段。从认知阶段获得的信息在最后动作阶段进行选择、准备和控制,形成一个反馈。

图 3-5　人的信息处理的三阶段模型

1. 感知阶段

感知阶段包含从感知器官获取刺激的过程。这个过程甚至可能发生在人员没有意识的情况下,包括对刺激的检测、区别和识别。感知阶段驱动了传输到脑部里专门过滤信号和提取信息部分的神经信号。从信号中提取信息的脑部能力取决于传输器输入的质量。

2. 认知阶段

在感知阶段从显示提取足够的信息对刺激进行识别或分类之后,信息处理就开始进入确定合适的响应阶段。该阶段包括从记忆中检索信息,比较显示的内容,比较这些内容和记忆中的信息,算术运算和决策。认知阶段对行为进行了具体的约束。

员工的行为差错可能由上述和其他很多的认知局限引起。通常,我们以认知资源的方式描述认知局限:任务可用的资源很少,可能会影响任务的绩效。

3. 动作阶段

在感知阶段和认知阶段之后,需要进行明确的响应选择、编程和执行。响应选择是选取具体环境中最合适的响应。在选择响应之后,响应必须转换成一系列的肌肉、神经命令。这些命令控制具体的肢体或效果器进行响应,包括方向、速度、相对时间。

寻求合适的响应选择和动作参数的规范会花费时间。通常认为如果响应选择和移动复杂程度增加,所需的时间就会增加。动作阶段对行为施加了特定的限制。

3.2.4.3　人的信息处理模型

三阶段模型是一个通用的框架,可以用来组织我们所获知的人的能力,让我们针对 3 个阶段的特征和限制对员工行为进行校验。

从信息加工理论来看,人脑神经系统的组织结构包括 3 个部分,即输入、记忆、输出。了解记忆的组成(短时记忆和长时记忆)及其工作原理,就可以预测人在一定情境下的活动。记忆量的单位是组块。对于视觉信息和听觉信息,组块在短时记忆中保持的时间都不到1秒。短时记忆的输出比较快,1秒可以输出5个组块,然而,短时记忆的容量却很有限,一般是6个组块。所以,短时记忆的作用就是保持那些工作中需要的信息,这直接决定了人当前的活动。人的长时记忆的容量非常大,但输入和输出花费的时间多。一般输入一个组块需要8秒,输出一个组块需要2秒。长时记忆一般用于再认熟悉事物所需的信息,各种图式和知识结构,执行活动所需要的产生式等方面。

人的信息处理描述模型(图3-6)能对每个阶段的处理子系统进行更加详细的检验。

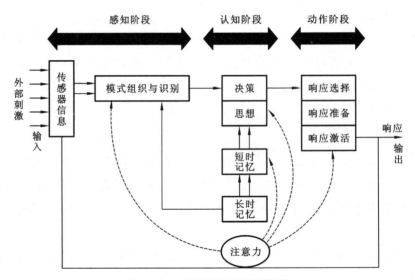

图3-6 人的信息处理描述模型

3.2.5 人-机系统里的人

3.2.5.1 人在系统中的位置

墨菲定律告诉我们,一个事件只要存在发生的可能,就一定会发生。人由于受到生理、心理和环境等方面的影响,因而其行为具有非常大的不稳定性,人为差错的发生存在严格意义上的必然性。可以认为,只要有人参与,就一定会发生人为差错。

在人-机系统的生命周期内,设计师和操作员是最为重要的两个角色。设计师和操作员都有自己的设备心智模型(莱文森,2015)且各不相同(图3-7)。

在开发过程中,设计师逐渐把机器模型发展为能够建造的实际系统。在开始建造前,模型是一个理想化的形式,理想模型和实际系统之间存在很大差异。

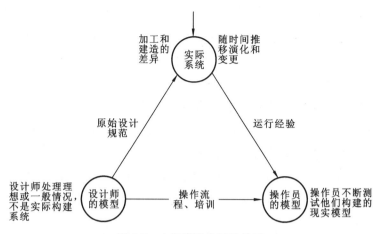

图 3-7　心智模型之间的关系

除了结构差异外,设计师总是在理想或一般情况下作出判断。比如,设计师可能有一个阀门的平均关闭时间模型,而实际阀门的关闭时间介于制造工艺和材料差异影响的连续时间行为之间。利用设计师的理想模型建立实际系统时,由于制造工艺和结构差异及其随时间推移的演化和变更,实际系统可能与设计师设计的模型不同。

操作员构建的系统模型部分基于根据设计师的模型形成的正式培训,部分基于对系统的认知经验。操作员必须根据所构建的系统进行操作,而不是凭空想象。随着物理系统不断改进和发展,操作员的模型和操作流程必须相应地改变。虽然正式的流程、工作手册和培训将会定期更新以适应当前的运行环境,但这些经常是滞后的。此外,操作员常常在实践和生产的压力下工作,这些在理想的流程和培训中是没有反映的。

随着系统的进化,操作员使用反馈来更新系统的心智模型。确定该系统已经改变、其心智模型需要更新的唯一方法是通过实验了解目前安全行为的界限。通过与运行系统交互的经验培养适应心智模型的能力,使人的操作更有价值。

3.2.5.2　影响人的行为因子

人为差错是由于人的认知行为偏离了正确的轨道而产生的。为了深刻揭示人为差错发生的规律性,还需要研究人的认知行为发生偏差的原因,即人为差错发生的根源。目前,普遍认为将人为差错归咎于人的自然缺陷的观点是不科学的,人为差错是由人所处的情景环境诱发的。也就是说,各种情景环境因素是导致人为差错的根本原因。因此,情景环境的表征是一个非常重要的基础性环节,可以为人为差错原因的查找、人为差错的辨识、人为差错的概率量化和人为差错规避措施的制订提供技术支持。情景环境是用行为形成因子来表征的。

从人-机交互过程来看,操作员一般需要在一定的组织氛围和物理环境中,通过操纵机器来完成一定的任务。在这个过程中,操作员、机器、任务、组织和环境相互作用共同诱发了人的行为。另外,操作员在执行任务的过程中通常需要借助其他辅助系统,如规程、工具和协助人员等。因此,辅助系统也是影响人的行为的一个重要方面。这样一来,行为形成因子主要来自6个方面,即操作员、机器、任务、组织、环境和辅助系统,如表3-4所示。其中,操作员是人-机交互活动的主体。操作员一方面需要接收来自机器的各种状态信息,另一方面需要按照任务要求执行各种动作。操作员的特征是影响人的行为输出的重要因素,包括自然特征和工作特征两个方面的内容,如表3-5所示。

表3-4 行为形成因子的系统化分类

行为形成因子大类	行为形成因子小类	行为形成因子具体元素
操作员	自然特性	①性格;②体力;③精力;④态度;⑤动机;⑥自然技能
	工作特性	①知识;②经验
机器	显示设备的特性	①显示设备的形状颜色;②显示设备的显示方式;③显示设备的布局;④显示信息的质量
	控制设备的特性	①控制设备的布局;②控制设备的可操作性;③控制设备的自动化水平
任务	单任务特性	①可用任务时间;②任务的复杂性;③任务的新颖性;④任务的后果
	多任务特性	①任务的数量;②任务之间的相关性
组织	组织气氛	①管理制度;②安全文化
	任务的组织安排	①人员配备;②任务/责任划分;③值班制度
环境	自然环境	①声音;②光照;③温度;④湿度;⑤振动;⑥其他自然环境
	工作场景	①舒适性;②安全性
辅助系统	辅助设备	①规程;②工具
	辅助人员	①监督人员;②其他协助人员

表3-5 操作员的特征

分类	内容	具体内容
自然特征	性格	在很大程度上决定了操作员为人处世的方式和风格,耐心、细心等都属于性格的范畴。性格是影响人行为的一个重要因素,急躁、粗心大意等都有可能诱发各种人为差错

续表 3-5

分类	内容	具体内容
自然特征	体力	体力对人的行为输出具有直接影响。对于某些任务,操作员需要执行长时间、高强度的动作。在这种情况下,体力不支就很容易造成某些动作无法完成或者执行不到位,从而导致人为差错的发生
	精力	精力是指人对事物关注的灵敏度和洞察力。操作员在执行任务的过程中,需要密切关注机器参数的变化以及来自周围环境的各种信息,对精力的要求非常高。疏忽、遗忘等人为差错在很大程度上都是由于精力不足
	态度/动机	态度不端正或动机不纯,一方面可能导致操作员缺乏责任心、安全意识不强,从而不能认真细致地按照规程执行操作;另一方面还可能促使操作员故意违反规程,甚至出现违法差错
	自然技能	自然技能是指人的听、说、读、写等基本能力。操作员在执行任务的过程中要与合作人员或监督人员进行交流,要读取机器状态信息和规程说明,还需要对某些重要情况进行必要的记录。因此,自然技能对操作员能否正确地完成任务具有重要影响
工作特征	知识	知识水平代表了操作员对机器的工作原理、任务流程等方面的理解和掌握能力。对于某些复杂的机器来说,操作员只有掌握其部件结构和工作原理,才能更好地理解各种状态信息,从而更好地执行相关动作。对于复杂的任务,操作员只有准确理解任务每一步的原因和目的,才能更好地完成任务。另外,在处理突发事件的过程中,知识水平决定了操作员对事件态势的判断,从而决定了操作员能否采取正确的处置方法。因此,知识水平在很大程度上影响着操作员的行为
	经验	经验水平代表了操作员对机器设备的熟悉程度和对任务执行和规程使用等方面的熟练程度。经验水平高的操作员往往能够快速地获取机器状态信息并执行相应的操作。通常来说,经验水平高的操作员会对动作执行的速度、力度、幅度等方面拿捏得非常准确,而经验水平低的操作员在动作执行的速度和质量上都会大打折扣。因此,经验水平同样影响着操作员的行为

3.2.5.3 人在系统中的行为

为了有效地操作系统,操作员必须理解系统的信息并决定合适的动作。操作员有 3 种方式来控制系统(Torenvliet et al.,2006),如表 3-6 所示。

表 3-6　行为分类表

分类	响应条件	操作人员动作
基于技巧的行为	当系统以熟悉、预期的方式运行时	操作员依靠对系统行为娴熟的响应,使用很少的努力就可以控制系统,执行的是日常的、熟悉的活动
基于规则的行为	当系统信息表明出现不正常情况时	推理包含从语义记忆和情节记忆中进行信息回忆,依赖经过训练学习到的规则和程序
基于知识的行为	操作员需要基于对系统状态的推理进行决策	通过集成其他不同的信息资源形成新的解决方案,通常发生在对情况不熟悉的时候

当我们在高速公路上驾驶汽车时,全程都在观察前方、监视仪表、微调方向盘,这不需要很多脑力活动,只有当出现突发事件时(如仪表指示出现一个问题、前方发生事故),我们才需要作出决策。当我们确定发生突发情况时,必须整合视觉显示和听觉显示的各类信息,诊断紧急状况的特性,决定我们应当作出何种响应。但是,很多时候信息处理能力是有限的,尽管我们都进行了考取驾照所需的各项训练,本身也渴望能行驶顺利,但最终可能也作不出好的决策。

个人作出的决策不仅影响本人,也影响人机系统内的其他人,如表 3-7 所示。此外,决策时所处的环境对决策也会产生影响。

(1) 决策可以在确定的条件下作出,即每个选择的结果都清晰明确。

(2) 决策也可以在不确定的条件下作出,即每个选择的结果不明确。

在生活中,绝大多数决策是需要在不确定的情况下作出的,而人在推理并作出决策时很容易出错(Evans,1989)。

表 3-7　进行决策的分类

分类	具体内容	改善决策
规范理论	解释了可能作出最佳决策时,人们需要考虑哪些内容	基于在特定的选择结果对决策者有多少价值的基础上作出判断
描述性理论	解释了人们在无法(比如人的关注能力和工作信息等)作出最佳决策情况下是如何进行决策的,包括人们如何战胜认知局限,如何受到决策环境的影响	设计教育和训练程序
		改善任务环境设计
		建立决策辅助

大多数事故是由操作员的错误操作引起的,奖励安全行为和处罚不安全行为将消除或减少事故。操作员的行为是其发生环境的产物。为了减少操作员的"错误",我们必须改善操作员的工作环境并尽可能消除系统设计对人为差错的影响。

3.2.6 几个概念辨析

3.2.6.1 基础概念

安全和可靠性两个领域有若干概念,需要进一步辨析,具体见表 3-8。

表 3-8 若干概念及其定义

名称	主要内容	备注
不安全行为 (unsafe behavior)	通常会导致伤害的危险行为,可以通过常识和经验来识别。当某些行为极有可能导致具有高严重可能性的负面结果(即伤害)时,认为这些行为是不安全的(Galloway,2024)	是导致事故的直接原因(陈宝智,2008)
风险行为 (at-risk behavior)	受伤概率低的行为,通常不会导致伤害,但偶尔会或至少有可能导致伤害。这些行为对个人和组织来说是一个问题,因为如果没有更多的数据和复杂的工具来分析,它们很难通过常识和经验检测	当个人失去与选择相关的风险感知或错误地认为风险微不足道或合理时作出的行为选择
安全行为 (safe behavior)	这些行为几乎没有危险,几乎从未造成伤害。已知的风险得到控制,每个观察行动的人都会同意	—
鲁莽行为 (reckless behavior)	有意识地无视重大和不合理的风险	行为人知道自己正在承担的风险,并且明白这是巨大的。他们的行为是故意的
人因错误 (human error)	不被人所计划和所期望的行为,或在一定的精度、次序或时间的限制内从事一项指定的任务,但不能达到预期的结果,并且已经导致或潜在地导致不想要的后果(陈善广等,2016a)	—
	作业人员在控制机器设备运行时操作或不操作所引起的错误的结果。	—
	导致错误的原因很多,可能是偶然的行为或误操作,可能是界面失误,也可能是疲劳和各种不适(陈善广等,2016b)	—
失效 (failure)	系统、子系统或组件在特定的限制下不能实现所要求的功能(威尔逊,2021)	—

续表3-8

名称	主要内容	备注
过错 (fault)	不期望的状态和/或失效的直接原因（威尔逊，2021）	过错包含失效
可靠性 (reliability)	在特定的环境条件下与特定的时间内，硬件、软件和人等能够按预定目标发挥作用的概率（道金斯，2012）	—
错误 (error)	不期望发生的情况；可能是人的某部分功能欠缺，在指定的精度、次序或时间内不能提供所期望的结果，并可能导致后续的所不期望的后果（道金斯，2012）	—

3.2.6.2　员工安全行为与人的可靠性

人的可靠性，是指在规定的条件下和时间内，使系统可靠或可用而必须完成的活动成功执行的概率。人的可靠性分析，是以分析、预测、减少与预防人因错误为研究目标，以行为科学、认知科学、信息处理和系统分析、概率统计等理论为基础，对人（包括操作人员、维护人员和系统中其他人员）的可靠性进行分析和评价。它是人因工程学的延伸和发展，将人的特征和行为的相关资料及信息应用于指导对象、设施和环境的设计，已逐渐形成一门相对独立的新兴学科。

员工安全行为与人的可靠性之间的区别如表3-9所示。

表3-9　员工安全行为与人的可靠性之间的区别

	员工安全行为	人的可靠性
反义词	不安全行为	人为差错。 注：严谨地说，可靠的反义词是差错，可靠性的反义词是差错率
理论基础	安全科学，事故致因理论	人因学，人为差错
目标	①在工作场所减小人身安全风险的行为方法； ②可以实现安全审计、安全氛围评估、危险源识别与分析等安全绩效指标； ③以一种结构化和量化的方法来建立长期的安全管理和安全生产方面的收益； ④侧重识别和修改关键安全行为，以此作为减少工作场所伤害和损失的杠杆； ⑤鼓励员工养成安全行为习惯，个人无须思考即可安全执行	①保证能够系统性地识别和分析关键性的人员活动，结果可以在风险分析中使用并且可以追溯； ②量化人员成功和失败的概率； ③给出提升人员绩效的建议，更好地将任务需求与人员能力匹配，尽量减少人因错误之间的相互关联等

续表3-9

	员工安全行为	人的可靠性
方法	定性+定量,关注在不假设人类思维过程知识的情况下观察人类行为	定量,关注量化的人因差错概率(human error possibility,简称 HEP),以此来比较不同差错的概率,将量化的 HEP 作为定量风险评估的输入
切入点	系统生命周期的任何阶段,更关注系统的使用阶段	系统生命周期的任何阶段,更关注系统的设计阶段
特点	①以人为中心的综合管理流程; ②是一种自下而上的工作场所安全方法,它通过增加工作场所人员采取与安全相关的行动来减少事故或伤害的可能性; ③由于人类的安全意识和安全习惯不是天生的,它们可以通过培训得到改善; ④一部分人基于行为主义理论,认为所有人类行为都是由外部结果驱动的,一部分人基于计划行为理论,认为行为源自内在和外在因素以及社会规范,一部分人认为安全源自文化而非行为(Li et al.,2015)	①应用于复杂的社会技术系统中,系统内各个部分之间的相互作用复杂,且有强耦合; ②分析时有较强的主观性,严重依赖专家判断; ③产生人因差错的原因与人的生理、心理、人机界面、工作环境、组织因素等有关; ④以人的动作为分析单元

美国麻省理工学院航空航天专业教授,南希·莱维森(Nancy Leveson)曾提出,安全性与普遍认为的安全性和可靠性之间既有直接关联也有分歧,人为可靠性和安全性之间存在相关性,但不是直接关联的(Leveson,2016)。比如,我们可以进行一个高度可靠的操作,但它仍然可能是不安全的,尽管可靠的操作本质上比不可靠的操作更安全。目前,关于安全性和可靠性的讨论集中在莱维森发表的两个观点上。

其一,通过提高系统或组件的可靠性,可以提高安全性。如果组件或系统不发生故障,那么就不会发生事故。

莱维森认为,安全是系统属性,而不是组件属性,必须在系统级别而不是组件级别对安全进行控制。摩尔(Moore,2013)认为,通过提高系统可靠性(包括组件可靠性)可以提高安全性,如果减少组件和系统级别的故障,则可以降低员工受伤的风险,从而降低受伤的可能性,但提高系统可靠性时仍可能发生事故,事故是由任意数量的变量引起,且一些变量不受可靠性的控制。同时,他支持莱维森的关于安全是系统属性,而不是组件属性,必须在系统级别进行控制的观点。另外,衡量可靠性的最佳标准就是资产利用率(asset utilization,简称 AU)和整体设备效率(overall equipment effectiveness，简称OEE)，这两个都是系统级别的衡量标准，且可靠性存在于整个项目的生命周期中。

其二，对于安全来说，高可靠性既不是必需的，也不是足够的。

摩尔认为，莱维森的这个观点有一个前提，即可能是在可靠性由维护驱动的，但这个观点是涉及风险的，高可靠性可以降低风险，包括受伤风险、高成本风险、环境事故风险等。可靠性不应由维护驱动，维护是整个工厂和生产过程的支持功能。如制造企业可以在不提高可靠性的情况下提高安全性。然而，它们达到了一个点，即似乎无法实现安全性方面的其他改进，因为系统已达到统计上稳定的状态。就像可以通过改善个人行为来提高安全性，如穿戴个人防护装备、正确上锁/挂牌等，即使你做得再好，减少的受伤风险也只能达到一个限度，如果要想再提高安全性，就必须提高设备和过程的可靠性。

基于莱维森和摩尔双方关于安全性和可靠性具有统一性和分歧性的观点，能否让安全的研究更加开放，吸收与可靠性相关的一些围绕生产安全事故方面的成果，即整合可靠性和安全性，让提升员工安全行为处于一种"实用主义"的态势。

可靠性和安全性不是因果关系，而是如同一枚硬币的两面，它们的相互促进关系对于成功的业务运营、任务执行都至关重要。一方面，吸收可靠性后的安全性，对于维护安全的工作环境至关重要。能够无故障地执行预期功能的可靠设备对于确保操作员在工作时的安全至关重要。另一方面，安全性确保设备或系统不会对操作员、环境或公众造成伤害。比如，在建筑行业，塔式起重机必须可靠地提升重物并安全操作，以确保它不会对工人或公众造成伤害。因此，可靠性和安全性之间的相互关系对于维护安全的工作环境至关重要。除了维护安全的工作环境外，整合安全性和可靠性对于保持客户满意度至关重要。客户期望产品和服务能够满足其要求，可靠且安全地使用。如果产品或服务不可靠或不安全，客户可能会失去对企业的信任，从而导致声誉和市场份额的损失。因此，企业必须确保其产品和服务可靠且安全，以满足客户的期望。此外，安全性和可靠性对于保持业务盈利能力至关重要。设备故障或事故导致的计划外停机可能导致收入损失、生产力降低和成本增加。因此，企业必须确保其设备可靠且安全运行，最大限度地减少计划外停机并最大限度地延长正常运行时间，从而提高盈利能力。整合安全性和可靠性需要一种系统的方法，包括识别潜在危害、分析风险和实施适当的缓解措施。此外，企业必须形成一种文化，在所有运营中优先考虑安全性和可靠性，包括设计、采购、安装和维护。

在人的可靠性领域，能被员工安全行为所吸取的，主要是与生产安全事故紧密相连的对人为差错的研究成果。

3.2.6.3 员工不安全行为与人为差错

首先，《企业职工伤亡事故分类》(GB 6441—1986)将不安全行为定义为能造成事故的人为错误,并将其细分为13类。

(1) 操作错误、忽视安全、忽视警告;

(2) 造成安全装置失效;

(3) 使用不安全设备;

(4) 手代替工具操作;

(5) 物体(指成品、半成品、材料、工具、切屑和生产用品等)存放不当;

(6) 冒险进入危险场所;

(7) 攀、坐不安全位置(如平台护栏、汽车挡板、吊车吊钩);

(8) 在起吊物下作业、停留;

(9) 机器运转时加油、修理、检查、调整、焊接、清扫等;

(10) 有分散注意力行为;

(11) 在必须使用个人防护用品用具的作业或场合中忽视其使用;

(12) 不安全装束;

(13) 对易燃易爆等危险品处理错误。

其次,在安全领域有一种常用的不安全行为的定义,即人表现出来的非正常行为。不安全行为分为有意识不安全行为和无意识不安全行为。

有意识不安全行为是指有目的、有意识、明知故犯的不安全行为,其特点是不按客观规律办事,不尊重科学,不重视安全。

无意识不安全行为是指非故意的行为,行为人没有意识到其行为是不安全行为。

在生产经营单位中,"三违"(违章指挥、违规作业、违反劳动纪律)往往代表不安全行为。

同时,在事故致因理论中,很多事故的发生都与不安全行为有密切关系。如海因里希事故因果链模型和里森瑞士奶酪模型,如表3-10所示。可以看出,人的不安全行为是人为差错相同。

表3-10 事故致因理论中的不安全行为

模型	不安全行为	导致不安全行为的原因
海因里希 事故因果链模型	比如,站在悬挂物下面,没有警告或告知就开动机器、移动安全防护装置等	①人的缺点,如鲁莽、脾气暴躁、忧虑、易激动、轻率、漠视安全操作等; ②遗传和社会环境
里森 瑞士奶酪模型	错误(决策错误、技能错误、感知错误),违规(日常错误、意外错误)	不安全行为的前提,如环境因素、个人因素、操作状态等

3.3 个体安全行为的规范

3.3.1 人-机系统与事故

3.3.1.1 事故和伤害发生的过程

事故发生的过程如图 3-8 所示。

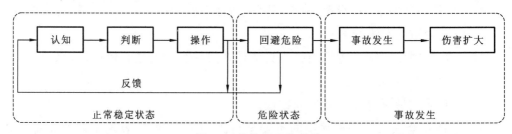

图 3-8 事故发生的过程

员工对作业环境、机器设备、任务目标等都应有正确的认知,进行恰当的判断,采取必要的操作。如果这一系列的行为能稳定地运行,那么将在很大程度上降低事故发生的概率,实现安全生产。但是,如果这一过程中的某一环节出现了问题,将会使安全生产陷入危险境地。为了脱离危险境地需要采取一定的规避事故的操作,一旦规避操作迟缓,则很可能酿成不幸的事故。

3.3.1.2 主动安全和被动安全

安全技术可以按照针对事故及其伴随的伤害所采取的措施进行分类。

一种分类方法是将事故发生的过程按照事故前、事故中、事故后分为 3 个阶段,并针对每个阶段采取相应措施。另一种分类方法是将事故发生时和事故发生后作为一个过程,按照事故前和事故后进行安全技术分类,具体如图 3-9 所示。

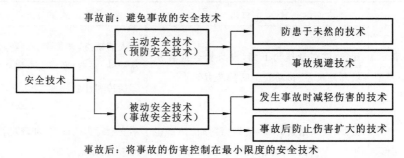

图 3-9 安全技术分类

事故前的主动安全技术主要涉及以下两个方面。

1. 防患于未然的技术

防患于未然的技术概要如表 3-11 所示。

表 3-11 防患于未然的技术概要

分类	目的	小类	示例
辨识度	人的可见特性	视野可见性	直接可见现场的情况,如照明、粉尘造成的能见度降低等
			间接可见现场的情况,如监视器、集控室等
		机器设备内显示可见性	起重作业的驾驶室内的仪表、显示器、开关都能清晰可见等
被动可见性	人的辨识特性	—	能帮助人在现场辨识危险,如具有反光特性的警示标志
听取性	人的听觉特性、人的信息认知特性	—	危险位置有声光报警、声音提示
操作性	人的操作特性	减轻负荷	自动化装置
		操作准确性	防误操作系统
		操作快速性	—
操作辅助	人机界面	确保操作人员正常状态	疲劳警告装置、注意力分散警告装置等
		操作合理化	障碍物感知装置
		环境认知技术	安全间距警告装置
		状况判断技术	自动制动装置
		自动化操作技术	自动回避危险装置
		机器设备状态监视器	火灾警告装置
安全教育		自我能力认识	安全知识学习
		提高危险预测能力	危险源辨识、隐患排查
		提高操作技术	作业标准化
		约束操作行为	事故致因分析、安全行为规范学习

2. 事故规避技术

从操作人员在作业过程中的认知、判断和操作流程如图 3-10 所示。事故规避技术主要涉及两个方面，其一是提高机器设备运行的性能，其二是减轻操作人员的作业负担。其中以减轻操作人员作业负担为主。

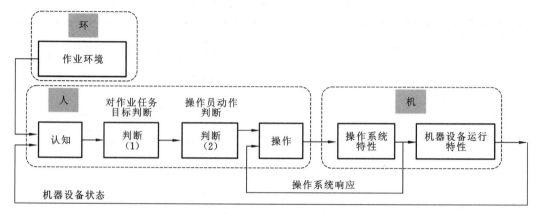

图 3-10 操作人员的认知、判断和操作

被动安全技术的分类如表 3-12 所示。

表 3-12 被动安全技术的分类

分类	小类	示例
事故时伤害减轻的技术	操作人员伤害减轻技术	正确佩戴安全帽
	周围人员伤害减轻技术	一定高度和强度要求的围挡
事故后伤害减轻的技术	操作人员营救、逃生	消防通道
	防止机器设备事故技术	隔离、断电等
	事故通报系统	警告或者危险状态提示

3.3.2 人为差错

3.3.2.1 发展背景

人的错误是复杂动态系统的事故的主要原因，具体如表 3-13 所示。

表 3-13 各领域中人为差错导致事故的比例

领域	比例	数据来源
民航领域	>70%	Alexander(1992); Helmreich(2000)
核工业	>90%	Isaac et al.(2002); U. S. Nuclear Regulatory Commission(2002)
潜艇	>75%	Ren et al.(2008)
化学和石油化工业	>80%	Kariuki et al.(2007)
饮水供应	>75%	Wu et al.(2009)
近海石油勘探	70%	高佳等(1999)
医药卫生	53%~58%	Kohn et al.(2000)
医疗保健	44 000~88 000 人死于医疗差错事故	Lawton et al.(2005)
地面交通	70%~90%	Salmon et al.(2005);Dhillon(2007)
铁路	>50%	Harris et al.(2011)

与此同时,人为差错造成的后果也是非常严重的。1979 年发生了美国商业核电史上最大的核事故——三里岛核电站事故(The Three Mile Island accident),虽无人员伤亡,但事故善后花费了 10 亿美元;1984 年印度博帕尔化工事故(India Bhopal gas leak case)造成 2.5 万人当场死亡,随后的毒气蔓延使得 55 万人间接死亡,除此以外还有 20 万人伤残;1986 年切尔诺贝利核电站事故(Chernobyl accident)导致 31 人因巨量辐射当场死亡,在 320 万受到超量辐射的人中,17 万人在 10 年内死亡;1986 年挑战者号航天飞机(Challenger shuttle)在发射 73 秒后解体,机上 7 名宇航员全部罹难;1987 年伦敦地铁国王十字站(King's Cross Railway Station)火灾造成 31 人死亡;1987 年埃克森瓦尔迪兹号邮轮发生漏油事故(Exxon Valdezoil spill),原油泄出量达 800 多万加仑,在海面上形成一条宽约 1 公里、长达 800 公里的漂油带;1988 年自由企业先驱号轮渡(Herald of Free Enterprise)倾覆事故造成 184 人丧生;1988 年派珀阿尔法(Piper Alpha)钻井平台爆炸事故造成 166 人丧生……于是,自 20 世纪 80 年代事故高发期开始,人为差错成为人们的研究对象。自此,人为差错开始受到关注,并在不同领域都得到了深入的研究,比如民航、

公路运输、石油化工、铁路、采矿,甚至太空旅行领域(Reason,1990;Kirwan,1998; Nelson et al.,1998;Shappell et al.,2000;Baysari et al.,2008;Patterson et al., 2010)。

3.3.2.2 主要发展方向

经过多年的研究,人为差错分析已经形成了相对完整的理论体系,其内容包括6个方面,如表3-14所示。

表3-14 人为差错分析的主要内容

序号	主要方面	具体内容/工具	工具	备注
1	人的认知行为描述	行为形成因子,事故模型		起点和基础
2	人为差错的成因分析	任务分析,情景环境表征,人为差错是由人所处的情景环境诱发的,为了从根源上认识和了解人为差错,分析和研究人所处的、丰富复杂的情景环境是非常必要的	①TRACEr 和 HFACS 等方法,都使用所谓的行为形成因子作为表征,分析人为差错的成因; ②THERP、HEART、SLIM、ATHEANA 和 CREAM 等方法,分别基于不同的模型,利用行为形成因子来量化人为差错概率; ③HEART 和 IDAC 等方法都根据行为形成因子给出了减少和规避人为差错的措施	围绕情景环境的表征展开
3	人为差错的辨识	人为差错通常会表现出多种不同的差错模式,不同的人为差错模式具有不同的特点,所产生的原因和可能造成的后果也存在很大的差异。 人为差错的辨识目的就是通过一定技术手段,识别出当前情景环境中所有可能出现的人为差错模式	HAZOP 方法、SHERPA 方法和 TRACEr 方法等	—

续表3-14

序号	主要方面	具体内容/工具	工具	备注
4	人为差错的概率量化	人为差错概率量化是人因可靠性分析中的另一项关键内容,是人因事件概率风险评估的基础	时间决定论;任务决定论;情景环境决定论	差错发生的可能性分析
5	人因事件的概率风险评估	后果分析	ALARP 风险接受准则	差错发生的后果分析
6	人为差错规避措施的制订	安全屏障	能量流/安全屏障;保护层分析(LOPA)	

注:认知错误的限制性和预测性分析技术(TRACEr):technique for the retrospective and predictive analysis of cognitive errors。人因分析和分类系统(HFACS):human factor analysis and classification systems。人为差错率预测技术(THERP):technique for human error rate prediction。人为差错评估和减少技术(HEART):human error assessment and reduction technique。成功可能性指数法(SLIM):success likelihood index method。一种人为差错分析技术(ATHEANA):a technique for human error analysis。认知可靠性与错误分析方法(CREAM):cognitive reliability and error analysis method。最低合理可行(ALARP):as low as reasonably practicable。员工环境中的信息、决策和行动(IDAC):information,decision,and action in crew context。危险和可操作性分析(HAZOP):hazard and operability analysis。系统人为差错减少和预测方法(SHERPA):systematic human error reduction and prediction approach。保护层分析(LOPA):layer of protection analysis。

人为差错分析最基础两个方面如下:其一是对人的错误进行分类,并进行完整的描述;其二是人为差错理论方面。又因为理论是建立在分类上的,所以尤以人的错误分类最为重要。

在人为差错分类方面,分析最早起源于对三里岛核电站事故、切尔诺贝利核电站事故和帕博尔化工事故等的调查,人们期望对复杂系统中的人为差错进行精准预测。人为差错识别(human error identification,HEI)是一种帮助人们识别在复杂系统的人-机交互中可能产生的潜在差错的方法。在复杂动态的系统中,HEI 可以识别潜在的人的错误或操作人员的错误的性质和原因、恢复策略及相关后果。然后根据分析得到的信息提出矫正措施,以便消除已识别出的潜在差错。

采用 HEI 的前提是了解个人的工作任务和所使用的技术特点,从而使我们能识别出交互作用产生的潜在差错。HEI 技术既可以用于设计过程中现实潜在的设计差错,也可以评估现有系统中的差错,无论出于哪种目的都需要对所要研究的活动进行任务分析。

人为差错的识别技术发展到今天,已初具规模(表3-15)(斯坦顿,2017)。

表 3-15　人为差错识别(HEI)技术总结

方法	方法类型	相关方法	优势	劣势	常用领域
系统性人为差错降低和预测方法 SHERPA	HEI	HTA	具有良好的信度和效度;是最好的 HEI 方法	对大型复杂的任务而言过于繁琐	核电站通用
人为差错模板 HET	HEI	HTA	基于飞行员差错发生分析进行分类;分类具有通用性	对大型复杂的任务而言过于繁琐	航空通用
认知差错的回溯性分析技术 TRACEr	HEI HRA	HTA	非常全面的差错预测和错误分析方法,包括 IEM、PEM EEM PSF;有成熟的科学理论基础,将 Wickens 的信息加工模型融合到空管中;可用于预测性和回溯性分析	对于分类差错鉴别工具有些复杂;无效度证据	空管
针对差错识别的任务分析 TAFEI	HEI	HTA SSD	使用 HTA 和 SSDs 突出违规交互;具有结构化和详尽的过程;有成熟的理论基础	对大型复杂的任务而言过于繁琐;把握所分析系统的 SSDs 有困难	通用
危险与可操作性分析 HAZOP	HEI	HAZOP HTA	易于使用;通用的差错分类方法	对大型复杂的任务而言过于繁琐	核电站
人误评估技术 THEA	HEI	HTA	使用差错标识符提示以帮助分析者识别差错;高度结构化的程序;每个差错问题有相应的结果和设计补救措施	高资源占用;没有使用差错模式,使得很难解释可能发生的差错;使用范围有限	设计通用

续表3-15

方法	方法类型	相关方法	优势	劣势	常用领域
系统工具的人误识别 HEIST	HEI	HTA	使用差错标识符提示以帮助分析者识别差错；每个差错问题有相应的结果和设计补救措施	高资源占用；使用范围有限	核电站
人误与恢复评价 HERA	HEI HRA	HTA HEIST JHEDI	完整的技术，覆盖了错误的所有方面；使用工具包方法途径以确保全面	使用起来费时；缺乏效度证据	通用
预测性错误分析和降低系统 SPEAR	HEI	SHERPA HTA	易学易用；分析者可以选择特定的分类	使用范围有限；无效度证据	核电站
人误评估与减少技术 HEART	HEI 量化	HTA	提供潜在差错的量化分析；考虑绩效形成因子；快捷易用	方法的一致性受到质疑；需要进一步的效度验证	核电站
认知可靠性与差错分析方法 CREAM	HEI HRA	HTA	非常全面；既可用于预测性分析，也可用于回溯性分析	使用范围有限；过于复杂	通用
基于系统理论的事故模型和过程 STAMP	事故分析	数据收集方法	已用于多个领域；可提供完整分析	高资源占用；复杂	通用
事故地图 AcciMaps	事故分析	数据收集方法 HFACS STAMP	侧重于失效之间的交互作用；有成熟的理论基础；已应用于多个领域	无错误类型的分类	通用
人的因素分析与分类系统 HFACS	事故分析	SOAM HFIX HFACS-ME HFACS RR HFACS ATC	简单易用；著名的方法，已应用于多个领域；有很强的理论基础	需要严谨的分类定义；没有探索情境性错误	航空

续表3-15

方法	方法类型	相关方法	优势	劣势	常用领域
安全事件分析法 SOAM	事故分析	HFACS	简单易用；可对错误提供清晰的总结	未探索失效之间的交互作用；未探索失效的变化和发展	通用
功能共振事故模型 FRAM	事故分析	HTA STAMP AcciMap	有坚实的理论基础；可探索交互作用；易学易用	需要的数据量大；很耗时	通用
寻因分析 WBA	事故分析	数据收集方法	探索因素之间的交互作用；以形式逻辑为基础	无法识别所有失效；使用起来很复杂	通用

注：HRA：人的可靠性分析。HTA：层次任务分析。SSD：状态空间图。HFIX：基于 HFACS 系统的人因干预措施。JHEDI：一种人的差错概率量化方法。HFACS-ME：机务维修人因分析分类系统。HFACS RR：铁路运行人误分析分类系统。HFACS ATC：空管人误分析分类系统。

3.3.2.3 人为差错的诱因

人为差错的诱因主要有 3 个主流观点。

1. 不充分的系统设计

人为差错的诱因被认为是不充分的系统设计，因为系统包含工作环境中的人和机器（Wiegmann and Shappell，2001）。

不充分的系统设计分为 3 类，如表 3-16 所示。

表 3-16　不充分的系统设计分类表

分类	具体内容	人为差错的诱因举例
任务复杂度	任务的需求超过人本身能力的限制	在感知、参与、记忆、计算等方面，人的能力有限
容易发生差错的情况	人置身于这些环境中更倾向于发生差错	不充分的工作空间、不充分的训练程序、不充分的监督等
个体差异	有些人对压力和经验水平非常敏感，这使得他们在执行任务的时候人为差错发生概率大幅度提高	能力、态度等

2. 认知加工过程

人为差错的诱因被认为来自执行任务所需的认知加工过程。建立认知模型的一个假设是,从感知到动作的起始和控制,信息加工过程包含一系列的阶段。当某一个或多个阶段产生错误的输入,那么差错就会发生(O'Hare et al.,1994)。

比如,如果操作员错误地感知显示的指示,那么错误的信息就会传递至操作员的认知系统,从而形成一个错误的动作。

3. 生理和心理障碍

人为差错的诱因被认为是与工作相关的生理和心理障碍。这种观点强调生理状态对人的行为的影响,关注疲劳和情绪压力等因素,以及工作时间和轮班调换所产生的影响。

3.3.3 人为差错分类的理论基础

在许多强调安全性的领域中,正规的人为差错分类法已被大规模使用。分类法有两个功能,其一是主动预测可能出现的错误,其二是对已发生的错误进行分类和分析。人为差错的主动预测可以通过人为差错识别技术来实现。

人为差错的分类方法有很多,目前有 6 种占主流。具体如表 3-17 所示。

表 3-17 人为差错分类

分类方法	代表人物及其代表著作	主要分类内容
错误分类法	Norman(1981),《行动失误的分类》	意图形成的错误(情境的错误解析);图式激活的错误(相似触发条件引起);主动图式被触发而引起的错误(太早或太迟)
四阶段信息处理模型	Christopher 和 Wickens(1992),《工程心理学与人类行为》。Parasuraman 等(2000),《人与自动化交互的类型和级别模型》	感官处理;感知/工作记忆;决策;应对选择
"厄运之轮"分类法	O'Hare(2000),《"厄运之轮":航空和其他复杂系统事故调查和分析中人为因素的分类方法》	最外层:已识别的危险、未识别的危险。中间层:任务需求、界面、资源。内核:局部行动

续表3-17

分类方法	代表人物及其代表著作	主要分类内容
SHEL模型	最初由爱德华兹于1972年开发，霍金斯在1975年进行了再开发，《飞行中的人为因素》（Hawkins，1993）	[L]活体（人类）；[H]硬件（机器）；[S]软件（程序、符号系统等）；[E]环境（L-H-S系统必须运行的情况）
通用错误建模系统	Reason(1990)《人为差错》	失误（slip）；疏忽（lapse）；过失（mistake）；违规（violation）
认知控制级别错误	Rasmussen(1983a)《过程控制中的人为差错》	基于技能的行为；基于知识的行为；基于规则的行为

在此基础上，按照动作、失效、处理和故意的分类方式，对人为差错进行分类（Stanton，2006），见表3-18。

表3-18 人为差错的分类

分类	二级分类	具体内容	三级分类	备注
动作分类	遗漏错误	操作人员没有执行所需要的动作	没有执行的动作可能是复杂程序中的一个简单的任务，也可能是一个完整的程序	一个化学垃圾处理厂在紧急情况下忘记打开阀门
	执行错误	执行的动作不合适	时间差错：过早或过迟地执行动作	员工关闭阀门而不是打开阀门
			顺序差错：执行动作的顺序不合适	
			选择差错：操作人员操作了错误的控制器件	
			定量化差错：操作人员操作控制器件的幅度不合适	

续表3-18

分类	二级分类	具体内容	三级分类		备注
失效分类	可恢复的错误	能进行修正的差错,使得不良的后果影响最小	当失效是人触发时	操作差错:没有按照程序操作机器	—
				设计差错:设计师没有考虑人的特性和局限性,设计了一种容易发生差错的机器	
	不可恢复的错误	不可避免地将导致系统失效的差错		装配差错/制造差错:有错误的装配或有故障	
				安装差错/维修差错:当机器安装不合适或维修不合适	
处理分类	输入错误	发生在感觉和感知阶段	—		—
	中间错误	发生在感知到动作转换中的认知阶段	—		—
	输出错误	发生在物理反应的选择和执行阶段	—		—
	沟通错误	小组成员之间不能正确地交流信息	—		—
故意分类	过失(slip)	没有执行动作	动作计划的错误信息:由不明确或有误导的情况引起		—
			动作模式的错误信息		
			动作模式的错误驱动:动作驱动的时间错误或根本没有驱动		
	错误(mistake)	执行行为有错误	—		—
	疏忽(lapses)	记忆失效	—		在动作序列中迷失

3.3.3.1 错误分类法

美国加州大学圣地亚哥分校著名心理学和认知科学教授诺曼(Donald Arthur Norman),1981年在其成名作《行动失误的分类》中对1000起事件进行分析后得出了错误的分类方法。该分类以图式激活(schema activation)的心理学理论为基础。他认为人类行为的顺序是由人脑中的知识结构触发的,并将人脑中已有的知识经验网络称为"图式"(schema)。人的思维包含图式层次结构,一旦满足特定条件或发生某事件,人脑中的相关图式就被激活(或触发),这一理论尤其适合描述技能型行为。

根据图式理论预测,如果人类行为是由图式指导的,那么故障图式或图式的错误激活都将导致错误的行为(表 3-19)。这会导致 3 种情况发生:第一,由于对情境的错误解析,我们可能会选择错误的图式;第二,由于触发条件的相似性,我们可能激活了错误的图式;第三,我们可能过早或过晚激活了图式。

表 3-19 3 种图式错误

图式错误类型	子类	说明
意图形成的错误 (情境的错误解析)	模式错误	对意图的错误分类
	描述错误	意图的描述不完整或模棱两可
图式激活的错误 (相似触发条件引起)	捕捉错误	行为顺序相似,则由更强的顺序主导
	数据驱动激活错误	外部事件导致了图式激活
	关联激活错误	已经激活的图式进一步激活了与之关联的图式
	激活丢失错误	已经激活的图式不再处于激活状态
主动图式被触发而引起的错误 (太早或太迟)	混合错误	来自互斥图式的元素被结合
	不成熟激活错误	过早触发图式
	激活失败错误	触发条件或事件无法激活图式

一辆处于 ACC(adaptive cruise control)巡航模式的车在高速路上行驶,由于道路拥堵,ACC 自动系统将车速控制得很慢,当车开到高速公路一个出口时,司机把车转到了匝道,但他忘记了自己还开着 ACC 巡航模式。这时 ACC 系统发现前方没有车辆,马上加速到在高速公路行驶时的预设车速,从而以极快的速度驶出高速公路出口。司机不得不紧急制动降低车速,然后退出 ACC 巡航模式。这就是模式错误的典型例子。

3.3.3.2 通用错误建模系统

英国曼彻斯特大学的里森教授,在 1990 年出版的《人为差错》中,介绍了他所开发的一个更高级别的错误分类系统,即通用错误模型(generic error-modeling system,简称 GEMS),包括失误(slip)、疏忽(lapse)、过失(mistake)、违规(violation)4 个类别,具体见表 3-20 和图 3-11。

表 3-20 错误分类系统

分类标准	类别	具体所指	示例
无意识的行为	失误	注意力失效	错觉、行为混乱、行为时机错误等
	疏忽	记忆出错	忘记执行已计划好的行为,忘记执行的先后顺序,忘记想去执行的行为等
有意识的行为	过失	主观犯错	正确行为的错误实施,实施错误行为,错误的决策,过度自信等
可能故意,也可能无意	违规	偏离了公认的程序、标准、规则	—

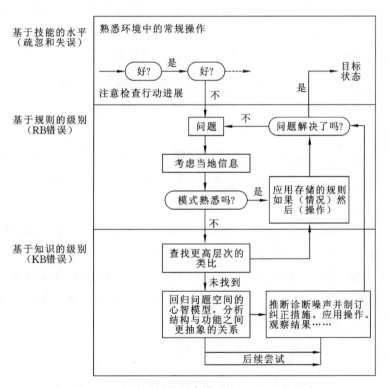

图 3-11 概述通用错误建模系统(GEMS)的动态

3.3.3.3 四阶段信息处理模型

美国伊利诺伊大学心理学教授威肯斯(Christopher Wickens)在 1992 年出版了《工程心理学与人类行为》,书中提出了人类信息处理模型。威肯斯将信息处理呈现为一系列阶段,反馈循环没有固定的起点,如图 3-12 所示。该模型主要由 7 部分组成。

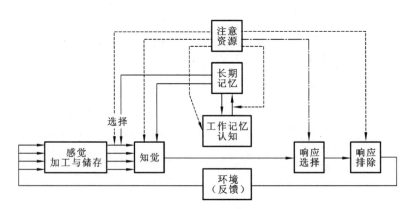

图 3-12　威肯斯提出的信息处理模型

（1）感觉处理：环境中的信息和发生的事件通过我们的感官（如视觉、听觉、嗅觉、触觉）进入大脑，这都会影响到达大脑的信息质量。所有感觉系统在大脑中都有一个相关的短期感觉存储，可以存储长达 4 秒的感觉数据。

（2）知觉：来自环境的原始数据传递到大脑后必须通过人类的"感知"进行解释和解码。知觉处理有两个特点，它是自动和快速的，几乎不需要注意，由感官输入和长期记忆驱动。

（3）认知：认知过程通常需要更多的时间、脑力劳动或注意力，因为大脑需要使用工作记忆实现排练、推理或图像翻译等过程。认知功能会受到情绪或压力水平的影响。

（4）记忆：首先是工作记忆，一种使用信息的临时存储，很容易被破坏，如果信息被经常排练，这些信息可以存储在长期记忆中。

（5）响应选择和执行：通过感知和认知过程实现的对情况的理解通常会触发行动。反应的选择与动作的执行是分开的，这需要肌肉协调来移动你的身体，以确保实现选定的目标，无论目标是什么。

（6）反馈：反馈循环表示动作被人类感知，信息流可以在任何点开始并且是连续的，反馈确定目标已经实现。

（7）注意力：模型中的最后一个部分，许多心理过程不是自发的，这就是注意力的来源。如果你有太多的任务要执行，这可能会导致注意力分散，其中一个任务会受到影响。

在威肯斯模型的基础上，Raja Parasuraman 等（2000）提出了人类信息处理的简单四阶段模型，揭示了人类信息处理的 4 个阶段（图 3-13）。

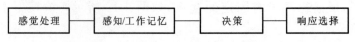

图 3-13　人类信息处理的简单四阶段模型

第一阶段,感觉处理,是指获取和注册多个信息源。

第二阶段,感知/工作记忆,涉及有意识地感知和操纵工作记忆中处理和检索的信息。这个阶段还包括认知操作,但这些操作发生在决策点之前。

第三个阶段,决策,基于这种认知过程作出决策。

第四阶段,即响应选择,涉及实施与所选决定一致的应对措施或行动。

同时,对于差错,每个阶段的处理差错可以归咎于3种处理限制(Norman et al.,1978)。

(1) 数据的有限处理。当输入一个阶段的信息降级或者不完美时,就会发生"数据—有限处理",如视觉刺激一闪而过或在嘈杂的环境中出现一个语音信号时。

(2) 资源的有限处理。如果系统不够强大,不能支持任务有效性的操作需求,就会发生"资源—有限处理",如记住一个较长的电话号码所需的记忆资源。

(3) 结构的有限处理。当一个系统不能执行多个操作时,就会发生"结构—有限处理"。结构限制可能发生于处理的各个阶段,最明显的是发生在动作阶段,如当两个竞争的动作需要使用同一个肢体时。

3.3.3.4 认知控制级别错误模型

经验丰富的操作人员不一定不会犯错,他们所犯的错误类型可能更加多样。错误类型本质上会受到操作人员的技巧、经验、所遇情况的熟悉程度的影响。针对这一现象,美国国家工程院院士拉斯穆森在1983年提出了"技能、规则、知识"分析框架(skill-rule-knowledge,简称SRK)来解释,如图3-14和图3-15所示。

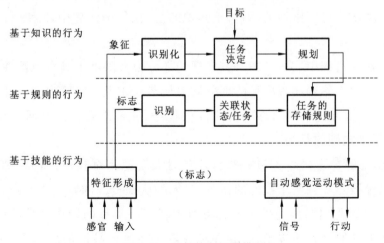

图3-14 认知控制级别错误

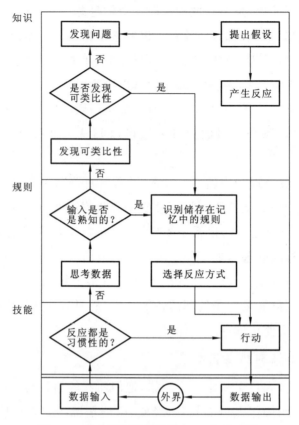

图 3-15　认知控制级别错误（1986 年改造图）

人类行为可以是高度习惯性的（即基于技能的），高度关联性的（即基于规则的），高度可类比或可探索性的（即基于知识的）。在复杂任务中，3 种属性可以同时存在。

在执行任务过程中，为人熟知的、常规的部分很大限度上具有习惯性（即基于技能的行为），不为人熟知和很少见的部分需要耗费操作人员的精力去格外关注（即基于知识的行为）。在这两种极端情况之间的任务，通常需要识别并回忆对任务的适当反应（即基于规则的行为）。

SKR 模型解释了操作人员在执行任务时会表现相对轻松，很大一部分原因是这是一项已经被熟知且基于技能的任务，对人类认知资源的要求并不高。

里森提出的通用错误建模系统也可以解释不同类型的操作人员的错误发生在不同的层次上的原因。他提到，失误和疏忽发生在基于技能的层面上，而过失发生在基于规则和基于知识的层面上。所以，增加技能并不能保证完全避免错误，只是改变了犯错的类型。

3.3.4 人的因素分析与分类系统

人的因素分析与分类系统(human factors analysis classification system，HFACS)(Shappell et al.,2003)的理论基础是里森提出的瑞士奶酪模型和使用该模型的大量事故分析报告。

3.3.4.1 瑞士奶酪模型

针对瑞士奶酪模型(图3-16)，里森描述了4个层次的人为失误，即组织影响、不安全监管、不安全行为前提条件、不安全行为。安全屏障就像奶酪切片，在不同的地方存在不同的孔(漏洞)，这些孔也被称为"隐形失效"或"隐性条件"。瑞士奶酪模型显示了事故从隐性失效发展成显性故障的过程，即事故致因穿过一系列的安全屏障，最终导致伤害发生。图3-16中那条穿过多个奶酪切片上的孔洞的箭头就表示了这个过程。

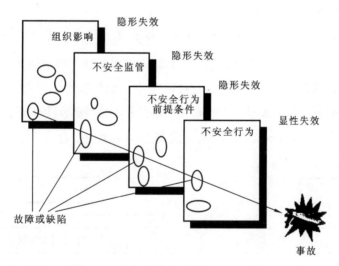

图3-16 人为差错原因的瑞士奶酪模型

在瑞士奶酪模型中(王黎静等,2015)，防护层/屏障/预防措施对于复杂系统的安全起着关键作用。在理想情况下，每一层防护层都应该是完整的，不允许事故致因穿过。但实际情况是防护层可能随着时间退化；改造或重新设计可能弱化或消除防护层；在校准、维修、测试过程中，差错和违规操作都可能将保护层移除……同时，在现实中，防护层更像瑞士奶酪切片，有许多漏洞，与奶酪切片不同的是，这些"洞"会持续地打开、关闭或转移。通常，任何一个"切片"上的"洞"的存在本身并不会引起坏的结果，只有当所有切片上的"洞"暂时形成一条允许潜在事故致因通过的通道时，才会带来危险伤害。防护层上的"洞"产生的原因主要有两个，一是行动失效，二是隐性条件。几乎所有不利事件都包含这两个因素。

行动失效是由与系统直接相关的人所执行的不安全行动,行动失效有失误、疏忽、差错、违背程序等不同形式。行动失效对防护层完整性的影响是直接且短暂的。行动失效的具体形式一般难以预见。

隐性条件是系统中不可避免的"固有病原体",它们产生于设计师、程序编写者、高级管理者作出的决策。这些决策不可能绝对正确。隐性条件包括不可靠的警报和指示、不可行的程序、设计和施工的缺陷等。这些隐性条件有两种不利影响。首先,它们可能在当地工作地点转变成差错引发条件,如时间压力、人员不足、设备不足、疲劳和缺乏经验等;其次,可能产生持久的漏洞或弱化防护层。但隐性条件不会直接触发事故,它们潜伏在系统中,可能会在未来促成事故的发生,或增大行动失效的可能性。直到与行动失效和触发因素相结合,才导致事故发生。隐性条件可以在事故之前加以识别并纠正,这为主动安全提供了条件。

3.3.4.2 HFACS 分析框架

人为因素分析和分类系统 HFACS 为人为差错提供了一个完整的框架(Wiegmann et al.,2003)。HFACS 使用了瑞士奶酪模型的 4 个系统层次,同时对每个系统层进行恰当的分类,共有 19 个致因类别,具体如图 3-17 所示。结合分类方法的事故分析可对"潜伏性错误"和包含事故场景的"激活性错误"进行综合分类(Shappell and Wiegmann,2003)。该方法具有可靠性、综合性,是最有前途的差错分类方法和应用最广的方法。

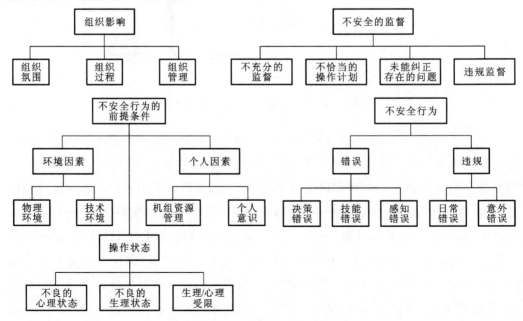

图 3-17 HFACS 分析框架图

在 HFACS 的每个级别内都制订了因果类别,以确定发生的主动和潜在故障(每个因果类别的定义见表 3-21)。从理论上讲,每个级别至少会发生一次故障,从而导致不良事件。如果在不良事件发生时,其中一个故障得到纠正,不良事件将被阻止。使用 HFACS 分析框架作为指导,事故调查人员能够系统地识别组织内最终导致事故的主动和潜在故障。HFACS 的目标不是归咎责任,而是了解导致事故的潜在原因。

表 3-21 HFACS 各项定义

分类	子类		具体内容
组织影响	组织氛围(OC)		组织内的普遍氛围/愿景,包括政策、指挥结构和文化等
	运营流程(OP)		执行组织愿景的正式流程,包括运营、程序和监督等
	资源管理(RM)		此类别描述如何管理实现愿景所需的人力、金钱和设备资源
不安全监管	监督不足(IS)		对人员和资源的监督和管理,包括培训、专业指导和运营领导等方面
	计划不当操作(PIO)		管理和分配工作,包括风险管理、人员配对、操作节奏等方面
	未能纠正已知问题(FCP)		主管"知道"个人、设备、培训或其他相关安全领域的缺陷,但允许未纠正的情况继续发展
	违反监督规定(SV)		管理层在履行职责期间故意无视现有规则、法规、指示或标准操作程序
不安全行为的先决条件	环境因素	技术环境(TE)	此类别包括设备和控件的设计、显示/界面特性、清单布局、任务因素和自动化等各种问题
		物理环境(PhyE)	该类别包括操作设置(如天气、海拔、地形)和周围环境,如热量、振动、照明、毒素等
	经营者的条件	不良精神状态(AMS)	对表现产生负面影响的急性心理和/或精神状况,如精神疲劳、有害态度和错位的动机
		不良生理状态(APS)	妨碍安全操作的急性医疗和/或生理状况,如疾病、中毒以及已知影响性能的药理学和医学异常
		身体/精神限制(PML)	可能对表现产生不利影响的永久性身体/精神缺陷,如视力不佳,缺乏体力、智力、一般知识和各种其他慢性精神疾病
		人事因素沟通、协调和规划(CC)	包括影响绩效的各种沟通、协调和团队合作问题
		适合值班(PR)	在工作中最佳表现所需的非值班活动,如遵守休息要求、酒精限制和其他下班任务

续表3-21

分类	子类	具体内容
不安全行为	错误	决策错误（DE）	这些"思维"错误代表了有意识的、目标预期的行为，这些行为按设计进行，但设计被证明是不充分的或不适合这种情况。通常表现为程序执行不当、选择不当或仅仅是对相关信息的误解和/或误用
		基于技能的错误（SBE）	在很少或没有意识思考的情况下发生的高度实践的行为。这些"正在执行"的错误经常表现为视觉扫描模式的故障、开关的无意激活/停用、忘记的意图及清单中遗漏的项目，甚至包括执行任务的方式或技术
		感知错误（PE）	当感官输入信息量下降时，就会出现这些错误，如在夜间、恶劣天气或其他视线不佳的环境中飞行时经常出现的情况。根据不完善或不完整的信息采取行动，机组人员冒着误判距离、高度和速率的风险，以及由于各种视觉/前庭错觉作出错误反应的风险
	违反	例行违规（RV）	通常被称为"违反规则"，这种类型的违规行为本质上往往是习惯性的，并且通常由容忍这种偏离规则的监督和管理系统来实现
		特殊违规（EV）	孤立地偏离权威，既不是个人的典型行为，也不是管理层所能宽恕的行为

3.3.4.3 HFACS的应用程序

HFACS在使用过程中的程序，如表3-22所示。

表3-22 HFACS应用程序

	内容	具体内容
步骤1	定义所要分析的任务	对所要分析的任务予以清晰的定义
步骤2	收集数据	对综合数据进行收集，以便分析者能充分理解事故场景
步骤3	识别不安全行为	在步骤2基础上识别不安全的行为，初步工作侧重于对事故场景中表现突出的差错进行识别和分类
步骤4	针对不安全行为层面识别失效的前提条件	在识别出所有差错后，应对所有不安全行为的前提条件进行分类，即将不安全行为的前提条件划分为3个类别（人的因素、环境因素、操作人员条件），每个因素均可进一步分成更细的亚类，且每个因素应与步骤3识别出的不安全行为相对应，在每个层级水平分析的各个阶段还应继续保持这种层级类别的对应关系

续表3-22

	内容	具体内容
步骤5	在不安全监管层面上识别失效因素	应在不安全层面上识别错误的行为,包括不充分的监管、不恰当的监管、违规监管、未实施监管
步骤6	在组织影响层面上识别失效因素	在对监管进行详细分析之后,应对检查与事故场景相关的组织影响方面进行分析,将组织影响分为3个主要类别(资源管理、组织氛围、组织过程)
步骤7	对所讨论的差错进行简要说明	在识别出所有的差错之后,应对每个差错进行简要描述,勾画出它们的特定情景和主要特征
步骤8	审查和完善分析	需要进行多次迭代,应对分类法进行审查和相应的修订
步骤9	数据分析	根据不同类别和不同的层级水平,将数据以各种求和格式表示
步骤10	多个不同层面失效的关联分析	重点考察各类别和各层级之间的相互关系。HFACS不但可以探索潜伏性错误和激活性错误,还能探索它们之间的相互关系。通过统计分析,可以发现各系统水平上错误的相互关系达到了统计学上的显著水平

HFACS方法使用流程如图3-18所示。

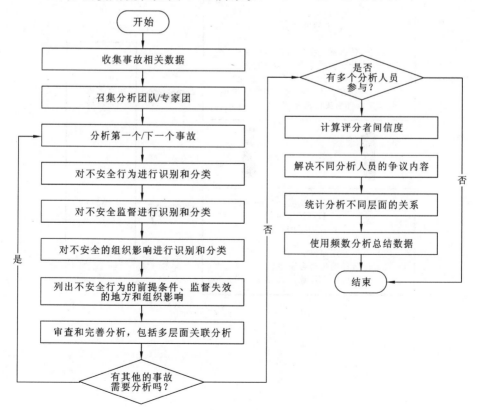

图3-18 HFACS方法使用流程图

3.3.5 人-机系统针对人为差错的防控措施

通常来说,为了减少人为差错,可以考虑采取两种解决方式。

一种方式是在系统中完全摒弃人的参与,这样就可以不给人为差错提供发生的机会,从根本上杜绝人为差错。

另一种方式是接受人的参与,通过一定的技术手段和管理措施,对人为差错进行有效管理,降低人为差错发生的可能性或概率。

人-机系统的安全主要涉及设计阶段和操作阶段的人-机系统的鲁棒性和可靠性。主要有两个方面:其一是从人-机系统全局考虑防控人为差错,如表3-23所示;其二是从人为失误风险分析入手来考虑防控人为差错,如图3-19所示。

初始人为失误分析,主要从操作人员的实践活动、经验总结,以及曾经发生的事件或事故,还有来自其他行业和场所的相关经验等方面入手来分析,其主要目的如下。

(1)识别出可能与人的能力不匹配的系统需求关键清单。

(2)识别出系统中较易发生人为失误的关键清单。

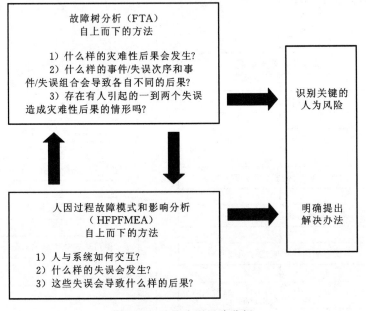

图3-19 人为失误风险分析

表 3-23 减少人为差错的人-机系统设计

设计原则	系统生命周期阶段				说明
	生产	测试	操作	维护	
系统需求应与人的能力和限度匹配	生产时涉及的知识、技能、能力可以得到客观的定义和评估	测试和验证工作需要在人的感知范围内进行	人-机交互应符合人的能力标准	在人的能力范围内完成维护工作	要求人可以在正常、异常、应急条件下可靠地完成任务
系统应使人可以处理非例行的、意料外的问题	—	—	系统使操作员在闭环回路中,在不可预知的情况出现时,能够控制住局面	如有必要,非例行的故障排除和系统修复是可以的	这是一个提供了人-机系统弹性的关键特征。在完全没有意料到的情况下,人对全新环境的智能适应可以为任务的成功完成贡献价值。与自动化机器系统相比,人拥有不可比拟的解决问题和应对意外情况的能力
系统可以耐受人因失误并能恢复: ①要锁定不期望但可以预料到的失误; ②错误可以检测和修正; ③最小化不期望错误造成的影响	组件设计应使不正确的组装很困难	提供用于独立测试和验证的要求	适当地互锁,使得完成危险的事情变得困难;系统状态要清晰明确	避免同时进行冗余系统的维护	任何时候都不能导致人员的死亡

第 4 章

群体安全行为——变革和秩序

> 太阳终于开始直射了,暖风驱散了雾霾和阴雨,消融着岸上的残雪。太阳驱散了雾气,撒播着柔柔的光线,大地气象万千,黄白相杂的蒸气宛若熏香缭绕飘荡。游人取道其间,从一个小岛到另一个小岛,心田激荡着溪水与小河的淙淙欢唱——它们脉管中冬天的血液正在奔向远方。
>
> ——梭罗(Henry David Thoreau,1817—1862)《瓦尔登湖》

4.1 引 言

1642 年,意大利的伽利略(Galileo)去世,英国的牛顿(Isaac Newton)出生。伽利略为人们引入了近代科学的观念和方法,牛顿为人们赋予了近代科学完整的形态。一先一后的两人"联手打造"了近代科学,自此,望远镜、显微镜、温度计、气压计、抽气机、钟摆等被相继制造出来。

希腊语"kosmos",可翻译为"宇宙、法界、世界",意为一个有秩序的世界,最为重要的秩序是有天地之别,人类居住的地界和众神居住的天界是天悬地隔。而伽利略借助望远镜让人们看到了纯物质的天体,让人们看到了月亮上的山脉和凹坑……因为看到,所以月亮不再是天界、不再是纯精神的东西了。"伽利略-牛顿"的力学体系从理论上揭示了天地共同遵守着同样的定律,天和地的区别被抹去,两界合一。俄罗斯的柯瓦雷(Alexandre Koyré)在他的著作《从封闭世界到无限宇宙》中称此为"宇宙的坍塌"。人们开始用新的眼光看待世界,人不再归属于神,而是找到了自己的位置,世界以"我"为中心展开,而且这个对象化的世界是可以用科学来理解、掌控、改变、为"我"所用的,德国的海德格尔(Martin Heidegger)称此为"在我们这个世界'众神无处居住'了"。

旧的秩序被打破,而新的秩序又笼罩了下来。秩序总是新旧更替,而人类为了更好行事,尽力认清无处不在且又身穿隐身衣的秩序,在偶然中寻找必然成为人类的一项必修功课。

卡尼曼(Daniel Kahneman)在《思考,快与慢》中提到,你得承认运气的作用,"成功=天赋+运气""大成功=多一点点天赋+很多好运气",甚至很多人想当然的身高,一部分是直接继承父母的基因表达,还有一部分是遗传基因的排列组合及与环境相互作用影响的基因表达,这些过程中总是有一些运气的成分。高个子的父亲有好基因,还有好运气,但基因可以遗传,运气却不能遗传。就像父亲的财富如果很大一部分是来自买彩票中的大奖,我们会认为,儿子将来不会像父亲一样有钱。所以"富不过三代",也许并不是子孙不知勤俭持家、开拓创新,而是第一代的运气太好了。卡尼曼又举了一个例子,他曾在以色列为空军办讲座,在讲座上他提到,要想让你的学员进步,一定要多正面鼓励,不要去骂他们。心理学家有充分的证据证明,正面鼓励比打骂更有效。这时一个教官表示不同意,他说如果一个飞行员有一天飞得特别好,当场表扬鼓励了他,第二天往往就飞得没那么好,可是如果一个飞行员飞得特别差,骂他一顿,他第二天果然飞得就没那么差了……卡尼曼发现身高和表扬批评类似,都存在"回归平均"的力量。飞得特别好和飞得特别差,都是小概率事件,无论是表扬还是批评他,他下一次也会回归平均,好也没有特别好,差也没有特别差。所以,表扬没有立竿见影的效果,批评也没有吹糠见米的效果。但这并不能证明学习和培训无用,学习和培训是用来提高"平均线"水平的。

英国数学家皮尔逊(Karl Pearson)进一步发展了"回归平均"的思想,把统计方法应用到生物学、遗传学、优生学中,又从生物统计方法中提炼出处理统计资料的通用方法,发展了统计方法论,把概率论与统计学融为一体。

安全学的发展,也同样面临着秩序的打破和重建。最能看出端倪的可能要数事故致因理论的发展,其中又以1931年的海因里希多米诺骨牌理论和1990年的里森瑞士奶酪模型的转变最具代表性。

生活中很多看似复杂的问题其实很简单。比如,一种新型病毒暴发,情况十分紧急,但解决这个问题的方法很简单,就是想办法找到这个病毒的抗体,把这个病毒消灭掉。再比如手机没电了,充电就能用;发生火灾,赶紧去灭火;坏人偷盗,抓起来……这种有明确因果关系的问题,消灭掉"坏"东西,问题就能解决的思维被称为线性思维,因为它直来直去。按照这个逻辑,要解决生产安全事故发生的问题,就消除掉"事故"。在工业化大生产刚起步的阶段,这个思路确实为人们摆脱"事故"这种负面事件起到了积极的作用,如海因里希的多米诺骨牌理论。但随着科技发展、工业化生产中设备越来越多,越来越精密,设备与设备之间的关系也越来越紧密,人们在用线性思维去解决事故这个问题时,发现此时的事故表现出了6个特点。

(1) 看似是个简单的问题,但要解决它却要消耗许多资源。

(2) 多次试图解决事故这个问题,但总是无效。

(3) 有些事故本来应该容易解决,可是人们却"故意"不解决。

(4) 企业上下似乎对"事故"有情感障碍,避而不谈。

(5) 新人发现问题,老人一笑了之。

(6) 类似的事故一再发生,整改了也没有什么用。

对于一个企业来说,生产需要在不发生事故的正轨上运行,那就需要企业内所有部门目标一致地行动起来,大家统一的目标就是"安全生产"。但"安全生产"是需要成本的。加大安全的培训力度显然会占用员工在流水线上工作的时间和精力。同时还需要给员工配备个人防护用品,在生产现场安装易燃易爆气体的泄漏监测系统,还需要专门设置管理安全的岗位……所以企业反复权衡后采取3条路径来促进安全。

(1) 直接命令。直接让大家"安全",禁止"事故",如厂区内禁止吸烟,没有戴安全帽禁止进入现场……

(2) 间接命令。找到企业中安全和成本的一个平衡反馈回路,让回路在一定松弛度下运行,如每年6月的安全生产月集中开展安全宣传培训等活动,在高危岗位设置机器臂或机器人……

(3) 达成新的共识。在这个新共识的基础上,企业团结起来促进安全。如制定从法出发的安全生产法,建立从文化出发的安全文化……共识,就是让一个系统里个体的小目标和系统的大目标达成一致,虽然共识一直在变,但企业完全可以引导。

基于事故新出现的特点以及人们的应对措施,横空出世的瑞士奶酪模型为我们提供了一种解决事故的思路。从瑞士奶酪模型角度看事故,我们可以发现,如果企业想不发生事故,要做好以下3个关键点(梅多斯,2016)。

(1) 企业要有抗打击的能力。一个具备抗打击能力的系统能经得起事故的扰动,达到动态的平衡。这需要有一定的弹性,并且提高员工独立面对事故干扰的能力,一个企业所有员工都是安全员还不行,安全员本身还要能不断适应新的安全局面才行。

(2) 企业要有自组织的能力。自组织有3个特点,即没有事先计划、起源于局部、自发的创造。自组织会激发人们应对突发状况的潜力,但自组织会让企业显得不统一、不规范,甚至自组织主导的局面可能是不可预测的。既然自组织让系统表现出一定程度的无序和混乱,那么企业能容忍什么程度的"混乱"呢?

(3) 企业要有一个健康的层级结构。层级即模块化,模块化在无事故时能提高生产效率,在发生事故时能降低损失。同时,模块化也避免了信息过载。但企业在全面控制和模块自治之间需要找到平衡点。

所以,安全的发展趋势,越来越趋向于群体这一对象。其一,群体的模块化更容易达成自治;其二,朝夕相处的人们更容易沟通,自组织容易形成;其三,群体互相之间更容易提供学习的条件,有利于群体集体应对动态的安全局面。

群体,不仅是"孤则易折,众则难摧"的力量在团结下的放大,更是个体寻找个人价值和归属的群体意识的依托。一滴水只有放进大海里才永远不会干涸,一个人只有将自己和集体融合在一起的时候才最有力量。所以,群体的共同命运、统一的群体结构、面对面的互动(包括借助设备的面对面互动)、共同的身份等都促成了群体。

个体安全行为和群体安全行为表现出了3个方面的不同,如表4-1所示。

表 4-1 个体安全行为和群体安全行为的区别

种类	个体安全行为	群体安全行为
代表不同	突出的是安全行为的质	突出的是安全行为的量
表现不同	表现着安全行为本质的发展,但安全行为需要在群体里才能发展起来	安全行为在量上的表现,安全行为的规模、范围,体现安全行为量的大小就是群体
主体不同	研究重点在"自我",研究的是潜在的本能行为	研究重点在"社我",研究的是受文化熏陶的行为

同时,我们还应看到,个体安全行为呈现出了安全行为的鲜明个性特色,使得我们对安全行为进行抽象和概括,便于安全行为和不安全行为在种类上的划分。群体安全行为在以下3个方面也发生了改变。

(1) 群体安全行为扩大了个体安全行为的规模,对周围环境(物理技术环境和社会文化环境)的作用范围和作用发生了改变。

(2) 因为数量增大,个体安全行为平时不突出的特点得以显现。

(3) 群体安全行为的形式不是一成不变的,很多时候表现出个体安全行为不具备的新特点。

在群体安全行为的"春城"里,怎能无处不飞"秩序"的花呢?

4.2 群体安全行为的理念

4.2.1 不确定性和确定性

人类对世界的认识过程是从寻找确定性到发现不确定性,再到能理性看待确定性和不确定性的一个过程。

古希腊哲学家泰勒斯(Thales)认为世界的本原是"水",赫拉克利特(Heraclitus)认为世界的本原是"火",留基伯(Leucippus)说:"没有一件事情是随便发生的,每件事都有理由,并且是遵循必然性的"……大家都强烈地表达了对世界秩序、规律、必然性和确定性的追求。确定性的含义主要包括有序性、统一性、必然性、精确性、稳定性和可预见性等。我们可以在早期的事故致因理论中看到确定性的思维,如海因里希的多米诺骨牌理论认为,事故的发生必然存在人的不安全行为和物的不安全状态,人的不安全行为必然是人的缺点导致,人的缺点必然是由基因和社会文化等方面造成的。

但 20 世纪的一系列新理论、新发现的提出,对人类原有的认识、思维、文化产生了巨大的冲击。展现在人们眼前的不再是牛顿所说的"钟表模式"的绝对确定的世界。世界的不确定性方面日益显现出来。正如福特所说,相对论消除了关于绝对空间和时间的幻想,量子力学则打破了关于可控测量过程的牛顿式的梦,而混沌则消除了拉普拉斯关于确定式可预测的幻想(王东升等,1995)。相对论时空观对牛顿时空观的扬弃,论证了时空的不确定性。牛顿一直认为时间和空间是绝对的、确定的,他认为时间是绝对均匀地流逝的,空间是一个绝对的空箱子。但爱因斯坦却提出了"尺短效应""时间膨胀"等相对时间、空间的概念,认为无论是时间还是空间,都随速度的改变而改变,具有不确定性。量子力学的发展论证了世界的不确定性。1927年,海森堡提出了不确定性原理,他指出我们所观察的不是自然本身,而是暴露在我们追问方法面前的自然。通过量子力学使我们想起了古老的智慧:在戏剧中,我们既是演员又是观众(海森堡,1981)。作为海森堡"不确定性原理"的一种推广,玻尔互补原理进一步冲击了传统的确定性的世界观。玻尔认为不确定性和模糊性是量子世界所固有的,而不仅是我们对于它的不完全感知的结果。(戴维斯,1997)不确定性形成了一种强调差异、矛盾、无序等的思维,不确定性的含义主要包括无序性、差异性、随机性、模糊性、不稳定性和不可预见性等。不确定性领域通常有两种形态。

一种是所谓"客观上的"不确定性领域,即围绕各种技术的不确定性而建构的领域、围绕现实制约因素的不确定性而建构的领域等。如生产系统交互复杂性和紧密耦合性所导致的生产安全事故,以此,美国耶鲁大学社会学教授佩罗(Charles Perrow)把这类事故称为"正常事故"(normal accidents)。

另一种是"人为的"不确定领域,诸如围绕权威力量分布建构的不确定性领域、围绕信息的通道构建的不确定领域、围绕合法性的限制力量建构的不确定性的领域等。澳大利亚国立大学教授霍普金斯围绕2010年4月2日发生在美国墨西哥湾美国海岸的BP运营的马孔多探矿地上的深水地平线号钻井平台漏油事件进行了深入分析(Hopkins,2017)。该事件被认为是石油工业历史上最严重的海洋石油泄漏事件,在所有人都认为是安全装置,即防喷器(blowout preventer,简称BOP)的故障引发这场事故时,他运用瑞士奶酪事故模型分析后,发现墨西哥湾井喷事故的原因是专家作出免除水泥作业评估的决定导致服务商对油井完整性测试结果的误解,整个操作过程监控失败,最终造成井喷,分析过程如图4-1所示。

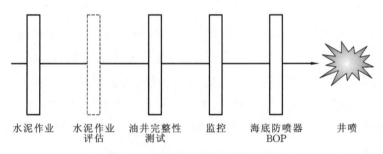

图 4-1　用瑞士奶酪模型事故分析

当回望由确定性到不确定性的过程,我们发现,靠天吃饭的农民之所以能寒耕暑耘、火耕水种,耐住一年的辛苦,是因为大家确定只要做事情,那么在秋天就会有收成。甚至今天我们判断一个人是不是理性的,看的是他能不能在收获前毫无可得的情况下一如既往地"耕耘"。即在不确定性的必然存在的情况下,我们对这个世界能有多少确定性的认识,而这恰恰是我们能作出理性判断的前提。"安全第一,预防为主,综合治理"这十二个字是我国安全生产方针,预防能做好,是因为我们相信确定性,综合治理,是因为我们相信不确定性,但无论哪一种,安全都要摆在第一位,这是我们工作研究的目标。

万幸的是,科学帮助我们认识到不确定性笼罩下的确定性,这被我们称为"秩序",所以,安全不是偶然的。这也对企业提出了高要求,需要企业先具备能敏锐捕捉外部不确定性的变革能力,再去作出相应的内部调整,从长期来看,企业需要建立具有适应性的弹性组织。

4.2.2　4个转变

当研究从个体安全行为转到群体安全行为时,这并不是简单的研究对象的替换,而是整个研究视野和研究路径的转换。

4.2.2.1　事故致因理论从多米诺骨牌理论到瑞士奶酪模型

从多米诺骨牌理论到瑞士奶酪模型,是从单线索模式到以系统视角去理解事故的转变,只有在系统视角下,才能看"懂"——安全是系统的涌现特性。

1931年,美国工程师海因里希在担任旅行者保险公司的工程和检验部助理总监期间,结合17年担任工程师和检查员的经历,完成了安全研究历史上的经典著作《工业事故预防:一种科学方法》(*Industrial Accident Prevention: A Scientific Approach*),对海因里希事故致因理论(又称多米诺骨牌理论)进行了全面阐述(李杰等,2017)。

海因里希从大量典型事故的本质原因的分析中提炼出了事故机理和事故模型,这些机理和模型反映了事故发生的规律性,为事故原因的定性、定量分析,事故的预测预防,改进安全管理工作,从理论上提供了科学、完整的依据。海因里希认为,伤害事故是一连串的事件,按一定因果关系依次发生。他用5张多米诺骨牌来形象地说明这种因果关系,这5张多米诺骨牌分别代表遗传及社会环境、人的缺点、人的不安全行为和物的不安全状态、事故的发生、事故造成的伤害,同时指出了事故发生的主要原因是人的不安全行为,如表4-2所示。

表 4-2　海因里希事故致因理论(多米诺骨牌理论)的骨牌作用

骨牌名称	具体内容	控制事故措施
遗传及社会环境	先天和后天因素对人的性格塑造和素质培养有直接的影响,即它们和人的缺点的形成是有必然联系的	—
人的缺点	鲁莽、固执、粗心等不良性格,缺乏安全生产知识和技能等	通过安全文化的建构和熏养来改变人的缺点
人的不安全行为和物的不安全状态	事故的发生从长远和整体的角度来讲也是必然的,因为事故总是由人的不安全行为和物的不安全状态引起;如果人总是使物处于不安全状态或实施不安全行为,终究会引发事故	事故发生的直接原因是人的不安全行为和/或物的不安全状态,并以人的不安全行为为主导;把这张骨牌抽走,事故连锁反应将会终止,因此它是突破这个连锁反应的关键环节

续表4-2

骨牌名称	具体内容	控制事故措施
事故的发生	事故发生或多或少会引起人员伤亡或财产损失	—
事故造成的伤害	—	—

海因里希的多米诺骨牌理论为我们提供了理性思考事故的角度和模式,很多重大的事故都能依循其逻辑分析出事故发生的原因。但随着工业技术的飞速发展,生产系统越来越复杂,耦合程度越来越紧密。再发生事故时,无论是调查人员还是负有事故责任的企业,都不太可能仅通过识别人为故障来结束对组织事故原因的寻找,并且员工的不安全行为更多地被视为是后果而不是事故发生的主要原因。

1990年,英国曼彻斯特大学心理系教授里森出版了至今仍在影响安全管理的《人的差错》(*Human Error*)(Reason,1990)、《组织事故风险管理》(*Managing the Risks of Organizational Accidents*)(Reason,1997)和《人的差错:模型和管理》(*Human Error:Models and Management*)(Reason,2000)。他在该系列成果中提出了管理缺陷和人为差错在灾害性损失方面的致因作用模型,涉及知名的瑞士奶酪模型。瑞士奶酪模型设有4层防御体系,即4片奶酪,分别是环境影响、不安全的监督、不安全行为的前兆、不安全行为,各防御体系从不同的维度对缺陷或漏洞进行相互补充式的拦截,事故致因只有同时穿过4层防护体系时事故才能发生。

瑞士奶酪模型认为,在理想世界中,所有防御层都完好无损,不允许可能的事故轨迹穿透。然而,在现实世界中,每一层都有弱点。而奶酪上的"洞"是怎么形成的呢？它是主动失败和潜在条件共同作用的结果。

人类以两种方式导致此类系统崩溃。如飞行员、空中交通管制员、警察、保险经纪人、金融交易员、船员、控制室操作员、维护人员等的不安全行为可能会对系统的安全性产生直接影响,并由于其不利影响的即时性,这些行为称为主动失败。

尽管犯错是不可避免的,但现在人们认识到,在复杂系统中工作的人犯错或违反程序的原因通常超出了个人心理学的范围,这些原因是潜在条件。潜在条件对于技术组织就像常驻病原体对于人体。与病原体一样,潜在条件(如设计不当、监管漏洞、未检测到的制造缺陷或维护故障、不可行的程序、笨拙的自动化、培训不足、工具和设备不足等)可能在事故出现之前存在多年,它们源于政府、监管机构、制造商、设计师和组织管理者作出的战略决策和其他高层决策,并结合当地情况和主动失败来渗透系统的多层防御。这些决策的影响遍及整个组织,形成了独特的企业文化,并在各个工作场所内产生错误因素。潜在条件存在于所有系统中,它们是组织生活中不可避免的一部分。

因此，主动失败和潜在条件之间有着明确的区别。首先，与产生不利影响所需的时间有关。主动失败通常会产生直接且相对短暂的影响，而潜在条件可能会潜伏一段时间而不会造成特别的危害，直到它们与当地环境相互作用以击败系统的防御。其次，与他们的教唆者在组织中的位置有关。主动失败由操控人-机系统界面的一线的人员导致，而潜在条件多是在组织的高层决策以及相关的制造、承包、监管和治理过程中产生。

从海因里希的多米诺骨牌理论到里森的瑞士奶酪模型，我们还可以看到，人们在认识事故时，把更为深刻的组织纳入事故原因的分析中，对潜在条件的关注极大地拓展了事故的预防视角。

4.2.2.2 事故认识从个人事故到组织事故

事故有两种，即发生在个人身上的事故和发生在组织身上的事故。在早期，仍然存在相对大量的个人事故。在出现核能发电和航空运输等现代技术后，个人事故很少发生，最大的危险来自罕见但通常是灾难性的组织事故，这些事故涉及广泛分布在整个系统和一段时间内的许多不同人员的因果贡献。

个人事故是指特定人为事故或意外，对相关人员的影响可能很大，但传播范围是有限的。尽管多年来工作场所发生个人事故的频率急剧下降，但引发事故的原因，如未采取保护措施而滑倒、失误、绊倒和失手等，都或多或少保持不变，因为个人（或工作组）很可能是事故的"代理人"和受害者。相比之下，组织事故是一种相对较新的现象，它源于技术的发展，这些技术的发展极大地增强了系统的防御能力，并将人们的角色从分散的制造者和行动者转变为集中的思考者和控制者。与早期相比，高科技系统中的组织事故很少发生，但一旦发生，后果可能是灾难性的，不仅会影响直接相关人员，还会影响在时间和距离上远离事故的人员和资产。如切尔诺贝利的放射性尘埃持续对欧洲大部分地区未出生的后代构成威胁。

假设，一家公司的大型喷气式飞机从一个大城市机场起飞，然后坠入一栋公寓楼，机组人员和许多居民均遇难。人们提出的第一种发生此类事故的原因可能是"飞行员失误"。然而，在这种情况下，空难调查人员很快确定其中一个发动机挂架中的保险销在起飞后不久就失效，导致发动机脱落，使飞行员无法控制飞机。随后对公司维修设施的检查显示，这架飞机刚刚进行了一次大修，当时对发动机保险销进行了无损检测。还发现该特定发动机上的保险销固定器在维修后没有更换，检查员也没有发现它们的缺失。同时维修工作平台区域照明不足，并且在紧固件的拆卸和更换检测中技术人员没有受过良好的培训，不了解红色标签是警告零件的非常规拆卸等。调查人员可能会继续问为什么技术人员没有接受过正式的课堂培训，为什么培训主任的职位目前空缺，为什么维修工作场所不合适……总之，这是一场任何人的主动失败都不是充分原因的事故。这是一次组织事故，其起源可以追溯到整个系统的许多部分,从运营商到制造商,再到监管机构。

在这起假设事故中,如果对飞机坠毁事件的分析只是停留在飞行员的不安全行为层面,那么我们不可能有机会提高整个系统的安全性。同时,只要人们继续在现代技术系统里进行生产,主动失败就会一直存在(见瑞士奶酪模型),但很少会产生不良后果,因为大多数都会被防御系统阻挡。我们无法改变人类的状况,但我们可以改变人们工作的条件。只有更好地理解组织事故的本质,才能实现这种根本性的改进。

所有事故都涉及危险和破坏,但个人事故中,往往防御措施明显缺乏。而在组织事故中有较多防御措施可以实施,如图 4-2 所示。

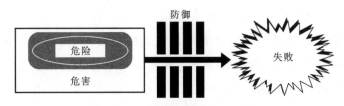

图 4-2　危害、防御、失败之间的关系

事故调查的核心问题,从个人事故中不安全行为是如何发生的,扭转到组织事故中事故是通过什么方式突破防御的。在组织事故中涉及 3 组因素,即人的不安全行为、当地工作场所因素、组织因素,这 3 组因素都由所有技术组织共有的生产和保护这两个过程控制,如图 4-3 所示。

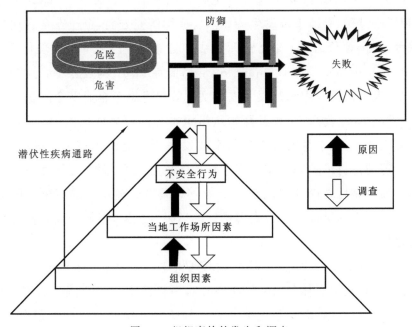

图 4-3　组织事故的发生和调查

无论个人事故还是组织事故，它们都是不可接受的。但是，我们如何制订一套能预防所有这些高度个性化和偶发的事件呢？答案显然是纵深防御，将防御融入日常生产过程中，同时，纵深防御使现代技术系统在很大程度上不受孤立故障的影响。所有防御都旨在实现以下一项或多项功能。

（1）建立对现场危险的理解和意识，就如何安全操作提供明确指导。

（2）在危险一触即发时提供警报以结束操作。

（3）在非正常情况下将系统恢复到安全状态。

（4）在危险和潜在损失之间设置安全屏障。

（5）遏制和消除危险，如果他们逃离这个屏障。

（6）在危险遏制失败时提供逃生和救援手段。

正是这种相互重叠和相互支持的防御措施的多样性，使得复杂的技术系统，如核电站和现代商用飞机，在很大程度上能够防止单一故障，无论是人为故障还是技术故障。还应看到，纵深防御是建立在冗余（多层保护）和多样性（许多不同种类的保护）之上的，然而，正是这些特征，在复杂的社会技术系统中引发了各种问题，以至于 Jens Rasmussen 创造了一个词来形容这个现象，即"纵深防御谬误"。

20世纪初，随着世界工业化进程的加快，各种生产事故频繁发生。美国和欧洲的一些学者开始重视研究高风险行业的事故、风险减小和安全管理问题。国内外早期关于企业安全管理的研究主要从安全管理的基础理论研究和应用研究两方面进行。理论研究方面，早期的安全管理理论是围绕一个主题展开的，即分析事故的发生、发展和形成过程，弄清事故发生的原因。应用研究方面，企业安全管理主要从探寻事故原因、安全评价方法、安全管理方法和健康、安全与环境管理体系（health, safety and environment management system，简称 HSE）构建入手。这些研究都是从事故本身、人因错误或组织错误及安全文化等出发思考企业安全问题。

从20世纪70年代起，研究者开始从组织本身的可靠性出发，思考安全管理问题。有研究表明，组织本身的可靠性是事故发生及安全管理问题的更深层次原因，现代安全管理理论将风险管理作为安全管理的核心内容，而高可靠性组织主要针对风险管理。高可靠性理论的演化起源于企业对风险减轻模型的需求。风险减轻模型运用于那些很小的错误也能带来灾难性的后果的组织，能够帮助人们有效地掌握组织中操作的复杂性。

1984年，美国加州大学商学院的教授罗伯茨（Karlene H.Roberts）与拉波特（Todd R.LaPorte）、罗克林（Gene I.Rochlin），一起领导了"高可靠性组织"项目。他们研究了空中交通管制、电力公用电网管理和美国海军航空母舰的复杂操作，得出高可靠性组织的经验教训可以应用于任何组织的结论。他们提出了高可靠性组织进行的是高质量操作,在很长一段时间内相对没有错误的论断。高可靠性组织(high reliability organization,简称 HRO),是指企业内部有效的管理机制与安全预警机制,即应用人类行为科学理论来计划、组织、调配、领导和控制人类行为过程,以提高安全性和可靠性的组织。高可靠性组织从组织本身的角度来思考组织的事故发生率及安全管理问题。

高可靠性组织,如航空母舰、电网等,是看上去工作容易出错,但事故很少发生的组织。这些组织有可能发生灾难性故障,但几乎没有错误。HRO 致力于最高级别的安全,并采取特殊的方法来追求安全。

4.2.2.3 从人-机系统到社会技术系统

从工业化大生产开始,随着人越来越多地参与到生产中,出现了把"人"作为设计对象的情况,当把设计思想和传统的设计方法推广到"人"身上时,这个过程因为受到了人的抵制,十分不顺利。为解决人对"灵性"的守护,出现了一个新概念,即人体系统。所以在后续的设计中,关于"人的因素"的最佳范例是,将人作为系统的一个组分来研究。这就意味着从系统技术的观点出发,必须关注人在设计系统中的作用,而这个作用被描述成"设计人-机系统的最重要原则在于把人看作单通道信息加工系统,具有有限的通道能力"。同时,为了把系统技术(如控制论)概念推广到人的"机能作用"上,设计人员绞尽脑汁。

人-机系统(man-machine system),主要研究对象是人、机(器)、人与机(器)相互关系。人-机系统概念的起源是与人-机系统各成分的技术装置的设计思想相联系的。

"连续"(信息)系统是系统技术概念的基础,而与系统技术概念相符合的人的活动(或行为),是以"连续"系统原则为基础的,符合这个原则的只有行为主义的"刺激-反应"公式。这一契机使得人-机系统同行为主义紧密联系在了一起。此时的人-机系统有两个特点。

(1) 人和机器的整体性特征,即把人和机器看成是一个统一系统。

(2) 是第一个特点在系统技术模型上的具体化,即认为在系统中循环的信息是构成系统的一个因素,把人和机器看作信息的亚系统,是由反馈练习调节联系组合起来的。可以说,从人-机系统的控制论观点看,人和机器是实现信息加工过程的两个环节而已。

在人-机系统的特点基础上,人们对人-机系统有两种主流看法。

(1) 从主观活动角度看,在人-机系统中,人是劳动的主体(是活动动机、意义和目的的体现者),机器是劳动的工具。这种看法把机器理解为人所使用的任何工具,从最简单的工具到最复杂的技术设备,对机器的理解很狭隘。

(2) 从系统活动角度看,人-机系统是合作活动的组织形式,人和机器在服从于原则不同的规律的同时,实现着标准的职业活动。这种看法把人理解为操作者,对人的理解很狭隘。

这两种看法都没有关注人和机器之间的关系(相互作用)。经过多次调整,对人-机系统的看法转变为"人-机系统设计最重要的问题之一是操作员和技术设备之间职能的最佳分配,即为了保证系统的有效运转必须规定人和机器完成的操作(和动作)"。这种看法强调了无论是人、机器还是整体系统,都要在系统中发挥作用。

如果以系统中人和机器的职能活动(即发挥作用)为基础,那么最合适的系统是"社会技术系统"(socio-technical system)。

社会技术系统是一个有机整体,由相互联系、相互作用的人、技术、环境和组织等因素共同组成,它的结构非常复杂,任何一个因素的变化都会对整个系统的安全水平产生重要的影响,其特征主要表现在以下6个方面(张力,2005)。

(1) 在社会技术系统中,生产、社会、文化等因素是有机交织在一起的。因此,作为一个整体,这种系统的职能和发展不受自然界规律的一次性制约,而受带有历史性和中介性的社会实际规律的制约。社会技术系统与其说是在自然因素和条件的影响下发生变化,不如说是在人为因素和条件的影响下发生变化,这些因素和条件局部或全部决定于人和社会的目的性活动。

(2) 社会技术系统的主要过程不是职能过程(即一次或多次达到指定目的),而是发展过程。只有在把这种系统的人为影响"改造成为"系统的自然影响的条件下,人为影响才有可能成功,否则这种影响就不是组织因素,而只是不稳定因素。

(3) 系统自动化程度增加。员工过去以"操作"为主的工作方式转变为"监视-决策-控制"的工作方式,操作规则被提升到更重要的位置。这种转变增加了操作的复杂性,可能使得某些状态下的操作负荷比正常情况下的负荷高数倍。

(4) 系统复杂性和危险性增加。计算机化的控制使得系统间相互作用更加复杂,耦合也更加密切,包括:人机界面之间的复杂性,即人机接口的多样化、人员的多元化;信息复杂性,即信息显示方式的多样性、信息量增大、信息迅速变化;动态特征复杂性使得系统的层次性、关联性变得复杂;环境不确定性的增加,涉及物理、组织、社会、心理等环境。这就意味着更多的潜在危险可能集中在少数几个人身上,一旦发生事故,会造成巨大灾难,影响附近居民乃至整个社会。

(5) 系统具有更多的安全装置。系统采取了多种多样的安全装置,为了防止技术失效和人因失误对系统安全造成威胁,但对这些安全装置的依赖,一方面会降低工作人员的警觉性,另一方面装置对没有预测到的危险没有任何效果。

(6) 系统的模糊性增加。高度复杂的、纵深防御的系统内部机理的模糊性,增加管理人员、维护人员和操作者往往不知道系统如何运作,也不理解系统的功能。

对于由社会系统和技术系统组成的高危社会技术系统(high risk socio-technical syetem,简称 HRSTS)是现代安全重点关注的对象。该系统不仅具有一般系统的特性,如完整性、相关性、层次性、目的性和环境适应性,也有其本身的特点,如时效性、后果灾难性、设计冗余性。

安全生产领域的研究重点是危险性较高的高危社会技术系统,这类高危社会技术系统具体有以下的特点。

(1) 涉及生命安全,一旦发生事故极易造成人身伤亡,可能影响公共安全。

(2) 危险性较大,一旦发生事故容易造成群死群伤,产生重大经济影响、环境危害和较大社会影响,潜在的危险性较大。

符合这两个特点的高危社会技术系统包括核设施、锅炉和压力容器、高炉、转炉、石油钻井平台等特种装置装备,飞机、高铁、地铁等特种设备等。

高危社会技术系统由技术设施、人、组织 3 类元素构成,各类元素相互作用构成复杂的功能结构,往往采用纵深防御系统,事故是人、技术设备与组织交互作用的结果(于广涛等,2004)。高危社会技术系统风险状态还是动态的、复杂的。在技术设施系统相对固定的情况下,人员系统和环境系统的变化有时难以预测,这两个系统对整个系统的影响较为复杂,而且各个社会技术系统风险影响规律不同。因此,从社会技术系统理论角度进行风险评价是非常困难的。高危社会技术系统风险还具有随机性和模糊性。风险损失的原因、状态、出现时间及其影响范围和程度等均具有随机性,风险损失的数量、程度及其关系,以及频率确定均具有模糊性,这会导致风险难以量化。

4.2.2.4 关注重点从不安全行为到安全文化

随着对可能引发事故的不安全行为的重视,人们加大了对不安全行为的寻找和管理力度。对不安全行为的管理,最直接的方式是安全管理,而安全管理不仅包括强制执行的规范,还包括主动柔和的文化。

1991 年,国际核安全咨询组(International Nuclear Safety Advisory Group,简称 INSAG)首次将核电企业安全文化定义为"安全文化是存在于单位和个人中的特种素质和态度的总和,它建立一种超出一切之上的观念,即核电厂的安全问题由于它的重要性要保证得到应有的重视"。同时,英国工业联盟(British Industrial Union,简称 BIU)将安全文化定义为"组织中所有成员对待风险、事故和疾病的共同的观点和信仰"。英国安全健康委员会(British Safety and Health Commission,

简称 BSHC)将安全文化定义为"安全文化是个人和群体的价值、态度、观念、能力和行为方式的产物,它决定了对组织的安全和健康管理的承诺,以及该组织的风格和熟练度"。

里森提出了围绕安全文化的 5 种亚文化,分别是公正文化、柔性文化、报告文化、信息文化和学习文化,具体见表 4-3。

表 4-3 安全文化的分类及进一步发展

分类	具体内容	参考文献	恢复能力方式
公正文化	在公正文化里,可接受和不可接受的行为得到沟通和理解	Dekker,2012	预测、监控、响应、学习
柔性文化	一种无论何时都接受可变性的文化,程序不足以处理相互冲突的目标,这使得面对动态环境的组织结构可以重新配置	Fernández Muñiz et al.,2007；Hollnagel et al.,2007；Hollnagel,2014；Saurin et al.,2014	响应
报告文化	在这种文化中,工作人员无论有无不安全行为,都准备自愿报告他们自己的危险、错误、违规、偏差等行为	Benn et al.,2009；Dekker,2012；Hollnagel,2014；Parker et al.,2006；Wiegmann et al.,2002	监控
信息文化	在整个组织内实现信息共享的文化,此类信息来源于安全信息系统,该系统收集、分析和传播事件数据(如事故、意外、未遂事件等)和从主动检查中获得的数据	Benn et al.,2009；Casey,2005；Fernández-Muñiz,et al.,2007；Gordon et al.,2004	学习
学习文化	一种从其安全信息系统中得出有价值的结论,并根据吸取的教训推动组织变革的文化	Casey,2005；Fernández-Muñiz et al.,2007；Gordon et al.,2004；Hollnagel,2014；Parker et al.,2006	学习

那么,为什么企业安全文化会对安全管理有影响?我们可以从内、外两个方面加以分析。

(1) 从组织内部结构角度分析。

企业安全生产、安全管理既涉及流程又涉及结构框架中明确的权力和责任,安全管理干预最典型的目标就是开发、策划和着眼于企业整体安全工作,即建立安全管理体系(safety management system,简称 SMS)。对于企业而言,搭建安全管理体系只是第一步,最终的目的是要建立一个有效的安全管理体系,这有赖于安全文化在其中产生的作用。安全管理体系只是提供了一个框架,要使其在安全管理过程中发挥作用,还需要安全文化来驱动,产生良好安全绩效(行为)。

(2) 从组织外部影响角度分析。

安全文化对安全管理理念是有影响的。安全文化的核心就是安全理念文化,集中体现了企业安全生产的精神是企业安全生产和发展的内在价值体系。企业在进行安全文化建设时,其安全文化理念将有助于引领企业的管理者树立正确的安全观,增强责任意识和杜绝违章意识,有助于企业管理者更新安全管理理念。理念的宣贯也必然使企业员工的安全生产价值观得到积极的引导,使员工在生产过程中意识到什么是安全的,什么是不安全的,逐步养成自我约束、自我管理的安全责任意识,进而提升企业安全管理效能建设的成效。

安全文化对企业安全管理行为是有影响的。企业安全理念与企业员工的安全行为互为表里,统一于企业日常的安全生产活动中。安全文化的建设强调企业管理者和员工要更加自觉地把安全理念融入企业的安全管理工作和生产实践中,将依靠人管理、依靠制度约束等他律性的行为规范要求与自律性约束相结合,自觉地将安全理念内化为安全生产行为,自觉地抵制违章等影响企业安全生产的不规范行为。这也体现了安全文化的行为约束功能。管理者的管理行为和员工的安全行为在企业安全文化建设的过程中得到进一步巩固,安全管理工作开展的效率和效果都将更加明显。

安全文化对企业安全管理制度是有影响的。企业安全管理制度具有严格的约束性和规范性,企业也是通过建立各种安全规章制度来引导、约束和规范员工的安全生产行为。然而不同的企业安全文化(氛围)呈现出来的安全管理制度特征有所区别。有的企业安全管理制度一味地强调用惩罚来代替管理,表现出来的企业安全管理效能很低;有的企业强调完成安全生产任务的"数量",忽视"质量",同样也达不到很好的安全管理效果。对于企业的安全管理,一方面要重视安全管理制度内容的科学性、严密性,同时也要考虑安全管理制度的执行力,在他律约束和自律约束之间找到一个管理的平衡点,这样才能增强安全管理制度实施的成效。企业在建设安全文化时,既要重视安全制度的制订与完善,同时还应强化和提高安全制度的有效执行效果。这样才能使得企业安全管理制度在安全管理过程中发挥最大的效用。

同时,安全文化对安全管理的影响,使得安全管理呈现出了以下4个特点。

(1) 无形的管理方式。从靠人监督到靠安全文化管理是一个从有形到无形的转变。安全问题无时不有、无处不在,贯穿于整个企业安全生产的全过程。安全文化管理依靠一种氛围、一种精神、一种心理感应来影响和协调安全生产中人与人之间的关系,起到无形的引导、感化。安全文化建设可以增强员工安全自我安全保障的本能意识,强化在无人监控情况下的自我安全保障能力。安全文化犹如推动安全管理的一只"看不见的手",融"自我约束、自我控制、自我调节、自我防范"于生产行为之中。同时,在这种文化氛围中,管理者与被管理者的区别消失,两者在安全生产过程中时常发生的人为摩擦减少,提高了安全管理的效能。

(2) 全面的管理方式。安全文化管理模式凭借文化所具有的强大渗透力,贯穿于企业安全生产的方方面面。应该将安全生产真正转化为员工的内在需求、良好习惯和自觉行为,从而使之全天候、全方位、全过程地参与和响应,自觉接受安全管理的严约束和严要求。同时,安全文化的建设既立足于当前又着眼于长远,着力实现长效常态机制的形成。可以说这种长期、全面的管理方式有效弥补了前面几个阶段安全管理方法的不足。

(3) 灵活的管理方式。安全文化建设虽然也强调规章制度对安全的规范作用,却不仅仅依靠死板的制度约束,体现出基于权变管理思想的现代管理内涵。良好的安全文化氛围会使企业员工面对不同的安全生产情况时,时刻牢记"安全第一"的安全理念,制度的约束已经内化为一种良好的安全生产行为习惯,即使有制度约束不完善的地方,受到安全文化的熏陶也能做到"我能安全"。

(4) 能动的管理方式。"人"是生产力中最活跃、最积极的因素,安全文化建设既注重对物的管理,也注重对人的管理,以精神、价值观为导向,激发全员自发的主观能动性。这样有利于启发人们安全生产的自觉性,激发安全生产的活力和创造力,形成安全管理人人有责、安全理念人人共享的积极心态,自觉规范安全行为,最终达到变压力为动力,变被动防止为主动争取,变"要我安全"为"我要安全"的目的,使"安全第一"的思想真正贯穿于生产全过程。

4.2.3 群体

4.2.3.1 定义、分类、加入群体动机

群体(group),是两个或两个以上的个体,他们之间产生互动并且互相依赖,共

同完成某些特定目标(罗宾斯等,2013)。群体分为正式群体或非正式群体,具体如表 4-4 所示。

表 4-4 群体分类

分类	具体内容	行为	示例
正式群体 (formal group)	由组织结构确定的、有确定的工作安排并确立任务的群体	群体成员所采取的行为是由群体目标激发的,并以实现群体目标为导向	班组里的同事
非正式群体 (informal group)	既没有正式的结构,也不是由组织安排的	在工作环境中自发形成的应对社交需求的行为	闺蜜三五人一同共进午餐

4.2.3.2 个体与群体互动

1. 个体加入群体的动机

员工个人加入群体往往出于各种动机,人们加入群体最常见的原因如表 4-5 所示。

表 4-5 人们加入群体的常见动机

动机	具体说明
安全需要	通过加入一个群体,个体能减少独处时的不安全感。个体加入一个群体后,会感到自己更有力量,减少自我怀疑,在威胁面前更加坚强
地位需要	加入一个被别人认为是很重要的群体,个体能体会到被别人承认的满足感
自尊需要	群体能使其成员感到更有价值。群体成员身份除了能使群体之外的人认识到群体成员的地位之外,还能使群体成员感到自己存在的价值
归属需要	群体可以满足其成员的社交需求。个体往往会在群体成员的相互交往中感到满足。对于许多人来说,这种工作的人际相互作用是他们满足归属需要的最基本途径
权力需要	一些单凭个体无法实现的目标往往通过群体行动能够实现
实现目标的需要	为了完成某个特定的目标需要多个人的共同努力,需要集中众人的智慧、知识、力量

2. 个体与群体互动联系

群体是多水平系统(multilevel system),由成员组成,群体和成员按等级组织,处于基层水平的群体成员是处于较高水平的群体的一部分,且群体成员和群体都在环境这一水平上。群体成员中的个体和群体之间的互动效应主要分为两种。第一种是下行效应。下行效应发生在群体特征影响个体成员的行为、思维、情感的时候。第二种是上行效应。上行效应发生在个体水平的特征决定群体水平的时候。员工个体与群体之间的互动架构，主要包括5个要素，如表4-6所示。

表4-6 员工个体与群体之间互动的架构

要素	具体内容	示例
群体成员或员工个体	个体提供必要的资源（知识、技能与能力、个体动机、情绪、沟通技能等）来完成任务	员工需要具备安全知识、安全技能、安全意识等个人安全素质
任务	任务分为4类。 ①加成性：由个体输入的总和或平均值决定。 ②分离性：由最强成员的绩效决定。 ③连接性：由最差成员的绩效决定。 ④随意性：由个体绩效的任意组合产生，取决于群体的随意性	安全任务绩效是所有员工安全任务的完成情况的加和，也是由最差员工的安全任务完成情况决定
群体互动过程	在存在上行效应过程中，群体过程决定了个体的输入如何被整合起来形成群体输出。 过程会有两种损失。 ①动机丧失：员工没有受到最大程度的激励时，员工付出的努力低于取得最优绩效可能或需要达到的程度。 ②协作丧失：个体不能以最优的方式组合其贡献的时候。 当个体资源得到非常有效的整合，群体绩效超过了其最强成员的绩效	违章指挥会使得大家在执行安全任务时，发生损失
群体输出	群体顺利执行任务	①员工获得任务熟练度、安全知识、影响力等； ②群体获得凝聚力、安全氛围、决策质量、交互记忆等
群体环境	群体运行在特定的环境中	"人-机-环"安全系统

4.2.3.3 组织与群体的区别

组织是指由诸多要素按照一定方式相互联系起来的系统。从狭义上说，组织就是指人们为实现一定的目标，互相协作结合而成的集体或团体，如党团组织、工会组织、企业、军事组织等。狭义的组织专门指人群,运用于社会管理之中。组织和团队的意思一致。

群体是一种以其群体互动为目的,主要分享信息和决策,从而帮助成员履行自己责任的群体。群体和组织的区别主要表现在4个方面。

(1)依赖。群体由彼此独立的人组成,所有组成人员都有一组不同的任务,通常由一个人执行。任务定义明确,不相互依赖。如一列火车上的乘客,他们由于不同的理由集中在特定的空间,因而他们只是一个群体。另一方面,组织由相互依存和相互依赖的个人和任务组成,有时组织成员共享类似的角色和职责。如火车上的列车员们,他们在那里的主要原因是让乘客的旅程舒适。

(2)问责制。由于群体成员是单独工作的,他们的工作受到单独重视。对于一个组织来说,情况正好相反。组织不仅仅是其各部分的总和。组织的各部分相互依赖,分担责任,接受集体评判。如当乘客错过列车,只有他自己承担后果,但是如果列车没有按时出发,那么负责这趟列车的列车员们都要接受问责、说明情况。

(3)时间。对于没有规定起始和终结时间点的群体来说,他们的"寿命"可能比组织的"寿命"更长。组织在规定的时间内聚集在一起,当组织实现目标时解散。

(4)技能。组织因为一个明确的目标而成立,所以大家在一起时,技能上是互补的。但群体中每个成员的技能可能具有随机性和差异性。

总之,群体和组织的区别集中在以下两点,我们把具有以下特点的团体称为组织:其一是把人类活动分成不同的任务;其二是将各项任务协调整合起来实现最终目标。

所以,组织是刻意对组织结构的参数进行有目的选择的,因为这样的选择更方便让组织实现内部的一致与和谐,以及使组织与组织所处的情境相符。群体在这方面表现并不明显。

当大家在企业里一起进行安全生产时,组织特性表现出来,但很多时候并没有对群体和组织做过多的区分。

在安全生产过程中,群体也只是特指"任务群体",通常(不总是)这些群体往往规模相对较小,有面对面的互动,并且有一个共同目标,即完成安全任务的绩效。

4.2.3.4　群体动力学原理

1939年,美国心理学家勒温(Kurt Lewin)提出了"群体动力学"概念(Naveenan,2018),借以表明他要对团体中各种潜在动力的交互作用、团体对个体行为的影响、团体成员间的相互依存关系等进行本质性的探索。群体动力学主要包括5个方面的内容:团体内聚力、团体成员之间的相互影响力、领导方式与团体生产力、团体目标与团体成员动机,以及团体的结构性。群体动力学经过80多年的发展,主要原则如表4-7所示(Tasca,2021)。

表4-7 群体动力学主要原则

主要原则	具体内容	示例
归属原则	群体中的人们如果想要沟通和协作以实现有效的团队合作,就应该有强烈的归属感。那些施加影响力的人和那些被影响的人需要相互接触,以便更好地了解彼此	归属感会让个体感到被鼓励,群体里每个人都表现良好的话,会提升群体的士气
感知原则	如果想在群体中实施变革,就需要在人们之间建立一个共同的看法,让他们更容易接受改变。 这个过程会为群体提供提醒,并让他们为变革做好准备	如果项目截止日期有提前,那么需要与整个群体进行沟通,并告知群体成员需要付出的额外努力。如果每个人都在同一层面上考虑问题,执行决策就会变得更容易
符合性原则	不会总是在群体中遇到志同道合的人,所以持有不同观点和来自各行各业的人可能会有不同的想法和工作方式。群体成员需要遵守团体规范,并尊重管理团体的基本规则	—
变更原则	组中的变化是恒定的。为了有效地带来并实施变革,群体需要充分协调,促成群体成员	在小组成员之间共享有关计划、战略和变革结果的所有相关信息。 提前说明期望,以免以后有任何不满。 一个协调的小组可以更好地应对变化
调整原则	群体有变更的话,群体中某一部分的变化可能会导致另一部分的紧张。可通过对组的相关部分进行重新调整来管理。 从本质上讲,调整原则强调在群体规范、目标或责任下放发生变化后重新调整群体动态	—

续表4-7

主要原则	具体内容	示例
共同动机原则	群体的核心目的是成功地推动组织的目标的实现。 所有行动都旨在实现共同目标。 解决问题、制订战略和决策必须以协作的方式进行。 大家都在同一层面上考虑问题,否则可能会出现冲突	任何项目的目标、里程碑和时间表都应协同设定。 如果没有实现协同,每个成员都应该意识到这方面的期望
目标导向原则	一个群体只有以他们的行动以目标为导向时才能生存。每个人都需要一个方向来遵循,否则,就会有混乱。 共同动机原则指导目标导向原则,所有任务都是为了实现更大的目标	运营层次结构可确保团队保持正轨并取得进展
权力原则	权力原则以不同的方式发挥作用。 一个群体对某人越有吸引力,它所施加的影响力就越大。 一个团体的权力越大,它对其成员和其他人的影响就越大	办公室里有一个新的核心圈子,所有随和的人都在里面
持续原则	群体运作是一个持续的过程。 每个群体的形成方式是,每个人除了对自己的行为负责外,还负责保持连续性	各小组只有在完成任务或实现其预期目标后才应休会。在此之前,每个人都应该继续和谐工作并确保工作持续运行

4.2.3.5 群体/组织文化

开始下面陈述之前需要做一个界定,这里的群体文化和组织文化,在范畴上默认为相同,不做区分。

支配个人与他人互动方式的态度、特征和行为模式被称为文化,它有助于区分一个人和另一个人。

每个人都有一定的个性特征,这有助于他们从人群中脱颖而出。没有两个行为方式完全相同的人。同样,组织也有一定的价值观、政策、规则和指导方针,帮助他们塑造自己的形象。组织文化是指特定组织的信念和原则。组织遵循的文化对员工及其相互关系产生了深远的影响。每个组织都有独特的文化,使其与众不同,并赋予其方向感。员工必须了解组织文化才能更好地适应工作环境。就像世界上没有两片完全相同的树叶一样,世界上也没有两个拥有相同文化的组织。因为不一样,所以,我们能对其划分优良等级。假设有组织A和组织B,具体表现如下。

在组织A中,员工根本没有组织纪律性,对规章制度漠不关心。他们在工作的大部分时间里都在聊八卦信息和闲逛。

在组织B中,组织遵循员工友好政策,所有人都必须遵守这些政策。如员工准时到达工作场所很重要,不允许任何人不必要地四处游荡。

很自然,我们从安全生产角度来讲,认为组织B更好。员工遵循组织B中的某种政策,使其比组织A更容易达成安全绩效的目标。

同时,组织文化也可以根据员工对其的依附程度分为两种,即强大的组织文化和薄弱的组织文化。

(1)强大的组织文化:指员工适应良好、尊重组织政策并遵守指导方针的情况。在这样的文化氛围下,员工喜欢工作,把完成每一项任务都当作新的学习,并试图获得尽可能多的收益。他们心甘情愿地接受自己的角色和责任。

(2)薄弱的组织文化:在这样的文化氛围下,个人出于对上级和严厉政策的恐惧而接受自己的角色和责任。员工做事是出于强迫,他们只是将组织视为赚钱的来源,而从不依附于它。

一个组织的信仰、意识形态、原则和价值观构成了它的文化。组织文化控制着员工在组织内部以及与组织外部人员接触时的行为方式。组织文化表现出了以下8个特点。

(1)组织文化决定了员工在工作场所的互动方式。健康的组织文化鼓励员工保持积极性和对管理层的忠诚度。组织文化在促进良性竞争方面有很长的路要走。员工尽最大努力比同事表现得更好,并赢得上级的认可和赞赏。组织文化实际上激励着员工表现更好。

(2)每个组织都必须为员工制订相应的工作准则。组织文化代表某些预定义的策略,这些策略指导员工并赋予他们在工作场所的方向感。每个人都清楚自己在组织中所扮演的角色和承担责任,并知道如何在截止日期之前完成任务。

(3)没有两个拥有相同组织文化的组织。一个组织的文化使其与其他组织不同。组织文化在树立品牌形象方面大有帮助。一个组织可以以其文化而闻名。

（4）组织文化将所有员工带到一个共同的平台上。员工必须得到平等对待，任何人都不应在工作场所感到被忽视或被排除在外。员工必须很好地适应组织文化，以发挥最佳水平。

（5）组织文化将具有不同背景、态度和心态的员工团结在一起。这种文化给员工一种团结感。某些组织遵循一种文化，即所有员工无论其职位如何都必须按时进入办公室。这种文化鼓励员工守时，从长远来看，这最终使他们受益。组织文化使个人成为成功的专业人士。

（6）每个员工都清楚自己的角色和责任，并努力按照设定的指导方针在期望的时间内完成任务。在人们遵循既定文化的组织中，策略的实施从来都不是问题。新员工也尽最大努力了解组织文化，使组织成为更好的工作场所。

（7）组织文化促进了员工之间健康关系的形成。没有人把工作当作负担，大家会根据组织文化塑造自己的形象。

（8）组织文化使每个团队成员展示出自己最好的一面。在非常讲究"报告文化"的企业中，无论员工多么忙碌，他们都会在一天结束时主动发送报告。这种文化使员工养成良好的工作习惯，使他们在工作场所取得成功。

4.2.4 群体安全的秩序

4.2.4.1 群体的安全有两个现象

（1）企业按照岗位设置，加强了劳动分工程度，所以每个员工都要产生贡献，因为分工不同，所以大家才聚在一起。每个员工虽然在生产过程中拥有独具特色的个体性，但个体性和个体意识并不会使企业（群体）解散，而是会促成一种新的团结出现，因为每个员工只为最后产品的形成作出自己的贡献，所以每个人都在依赖他人而生存，而这种既有鲜明个体性，又统一团结的现象，被称为"有机的团结"。同理，安全也一样，每个人都在安全的一个分支上产生贡献，彼此又依赖对方的安全状态，群体的安全状态也呈现出了"有机的团结"。美国哈佛大学的社会学家帕森斯（Talcott Parsons）称此为"结构分化和价值普世化"。

（2）群体安全是复杂的。第一，安全是主观的、多样的。群体里每个人对安全持有的思想、观点、立场、目的等都不同，选择的视景不同，在与他人进行互动时，是处于不确定状态的，而这带来的是永远只能将自己的选择建立在或然性基础之上。第二，在高度工业化和科学化的现代企业里，群体的功能方式和结构涉及多个层面，而一个系统中各种组成要素却越来越难以协作，在这种情况下，员工越来越需要取向来帮助，需要被赋予秩序和意义，需要建立一些系统组分来帮助他将现实结构化。这种需求导致了相应系统的形成，导致已经存在的系统不断分化，从而增加了群体结构层面的复杂性。比如，为了实现安全管理，企业里会有各种以安全为目的的组织群体。第三，现代企业的一个特征就是功能分化。如果说企业还存在上级、中层、基层的垂直分化的阶层，那么比这个还重要的是功能分化下的各个子系统，同时这些子系统预先规定了更大的依赖性和独立性，所以安全功能分化也导致了群体安全的复杂性，从而会带来不确定。

4.2.4.2 群体安全秩序的特点

（1）群体安全秩序不会因新员工进厂或老员工辞职离开而消失。

（2）如果将大多数员工个体安全理解为精神，那么这种精神就是集体精神，不再有个体属性。面对某个具体的员工个体时，群体安全就必须以强制的形式出现（即秩序）。当强制个体为建构群体而放弃个体特性时，往往会伴随道德要求，如厂区禁止吸烟，当有人吸烟时，往往会上升到道德层面去解读他的行为。

（3）群体安全的秩序不是"自然的"原生之物，而是群体建构的，是由群体半有意识、半无意识创建而成，其目的在于解决群体行动的安全问题，而其中要解决的最为重要的问题是合作问题，而合作的基础是信任。

（4）群体安全的秩序的丰富性基于安全的维度，秩序不会直接支配控制员工的行为，只是为员工提供抵达安全的路径，引导员工的安全行为。不是群体安全的秩序本身，而是依据群体安全的秩序建立的结构决定着可能使用的管理策略和可能产生的安全结果。

4.3 群体安全行为的规范

4.3.1 安全氛围

4.3.1.1 安全氛围和安全文化的区别

安全氛围和安全文化是两回事，但它们是相辅相成的。

一方面，"安全氛围"一词的引入似乎先于"安全文化"一词。安全文化最初是在1986年切尔诺贝利事故中被提出的，而安全氛围至少早在1980年甚至更早就被使用（Zohar，1980）。安全氛围是组织在特定时间点对安全的感知价值，即把安全氛围视为组织的"情绪",基于工人在特定时间的经历。由于安全氛围是某个时间点的安全快照,因而它可以以天或周为单位快速变化。如发生事故或使用新的安全流程都可能会改变安全氛围。此外,安全氛围是安全绩效的良好指标,因为它捕捉了特定时间点员工对安全的态度和看法。衡量安全氛围的最佳方法是调查和访谈。

另一方面,安全文化需要时间来发展,有时甚至需要数年,并且可以长时间保持不变。安全文化体现了组织对安全的重视及员工在组织中为安全承担个人责任的程度。安全文化通常被描述为组织的"个性",因为它是员工与安全相关的共同价值观的体现。安全文化包括关于工作场所安全的共同信念、价值观、态度和习俗。

在探寻安全文化与安全氛围关系的过程中也会遇到类似"先有鸡还是先有蛋"的困境。安全文化是随着时间的推移而建立和维持的,而安全氛围是某个特定时刻的快照。如果安全氛围在多个时间点上始终是积极的,它将不可避免地对安全文化产生影响,因为积极的行为和态度将得到加强。同样,安全氛围将通过调查和其他安全感知测量的积极反馈来反映优秀的安全文化。

总之,安全氛围指的是对工作场所安全相关的政策、程序和实践的看法。安全文化则指的是群体共享的态度、信念和感知,作为定义的规范和价值,决定了员工如何应对风险和风险控制系统。因此,安全文化的概念比安全氛围更广泛,它包括诸如态度、价值观和行为等许多附加的概念。

4.3.1.2 安全氛围对员工安全行为的影响

安全氛围是一种集体建构,源于个人对工作场所中重视安全的各种方式的共同认知。过去的研究表明,安全氛围是安全行为和安全后果(如事故和伤害)的重要预测因素。安全氛围会影响安全工作的动机、实施的安全或不安全行为的类型及事故和伤害等安全后果(图4-4)。安全氛围有两个关键构成特征。

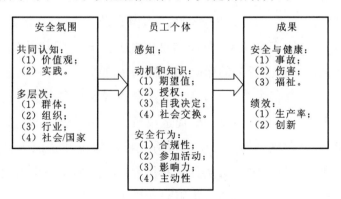

图 4-4 安全氛围概览

首先，不同的人有共同的看法。这种共享性意味着安全氛围是群体的集体财产。这种认知的共享性质对于区分安全氛围和其他安全结构（如个人对安全的态度）至关重要，尽管两者都是基于个人的认知。

其次，安全氛围感知的特点本质上是描述性和认知性的，涉及员工在日常互动中体验到的组织安全的可观察特征。

在安全氛围影响员工个体层面，主要涉及动机和行为过程。安全氛围通过激励机制对个人和群体行为产生主观规范的影响，即员工感知和解释组织环境，并根据他们的解释采取行动。

在动机和知识层面，了解员工安全工作的动机对于降低不安全行为水平和增加员工对工作安全活动的参与度至关重要。安全动机反映了员工个人努力实施安全行为的意愿以及与这些行为相关的价值。作为一种指导、激励和维持行动的心理过程，安全动机已被概念化为一系列行业和组织背景下工作场所安全行为的关键决定因素。安全动机是员工安全行为的近端决定因素，而安全氛围等远端因素对安全行为有间接影响。

安全氛围与特定安全行为（如遵守秩序，提出提高安全性的建议等）之间有着紧密的联系。安全行为，主要指"一般强制"的遵守安全秩序的安全合规行为和"经常自愿"的安全参与行为两种。

安全合规行为用于描述员工为维护工作场所安全而需要开展的核心活动，这些行为包括遵守标准工作程序、正确穿戴个人防护用品等。

员工的安全参与行为用于描述员工支持安全系统的行为，包括自愿参加安全活动、帮助同事解决安全相关问题、参加安全会议等。

安全合规行为是正式工作程序所要求的维持最低安全水平的安全活动的核心。典型的安全合规行为包括遵守安全规则和程序及遵守职业安全法规。安全参与行为可能不会直接有助于保障个人的人身安全，但有助于营造一个支持安全的环境，这些行为包括参与自愿安全活动、帮助同事解决安全相关问题及参加安全会议等。同时，安全氛围会提升安全行为的影响力和提高主动性。

衡量员工个体安全行为绩效时，员工安全合规行为和安全参与行为是两个主要指标，能直接代表个体安全行为差异。而造成员工个体安全行为差异的因素有安全知识、安全技能、安全动机。如果一个人没有足够的知识和技能来遵守安全法规或参与安全活动，那么该员工将无法执行这些行为；同样，如果一个人没有足够的动机遵守安全法规或参与安全活动，那么也不会选择去执行这些行为。

同时，许多员工个人和环境因素会影响员工的安全行为，如安全氛围里的领导力和尽责性。安全领导力被认为在形成组织内的安全氛围和激励员工安全地执行任务方面发挥着重要作用,尽责性被认为是一个广泛影响员工安全行为的重要指标。

澳大利亚科廷大学管理学院的教授马克·格里芬(Mark Griffin)(2022)在回顾了一系列研究的结果基础上提出了安全氛围、安全知识、安全动机和安全技能之间的联系模型,如图4-5所示。

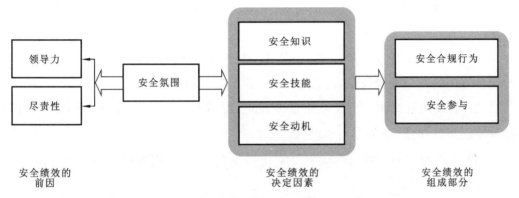

图4-5　安全绩效的前因、决定因素、组成部分之间的关系

安全氛围是组织在特定时间点对安全的感知价值会受到组织中其他员工的态度、价值观和行为的影响,并且它们会随着时间的推移而改变。衡量组织的安全氛围是衡量其安全文化的一种方法。如果氛围是积极的,那么安全文化可能很强大。如果氛围是消极的,可能需要采取措施,在员工和管理层中培养更强大的安全文化。所以,衡量安全氛围为我们提供了一种将工作场所安全程度与实际安全绩效进行比较的方法。我们中的许多人可能认为企业有很强大的安全文化,但除非我们定期评估安全氛围,否则是无法确定的。

4.3.2　安全领导力

4.3.2.1　领导和管理的区别

1990年,哈佛商学院的教授科特(John P.Kotter)出版了《变革的力量:领导与管理的差异》(*Force for Change：How Leadership Differs from Management*),阐释了领导力是变革的力量。

法国管理学家法约尔(Henri Fayol)最早提出管理的5项职能是计划、组织、协调、指挥、控制,后人把协调和指挥合并为领导,形成管理的4项职能,即计划、组织、领导、控制。

科特认为，管理主要是计划、组织、控制，而领导主要包括以下3个过程。

（1）确定企业的经营方向，为遥远的未来制订愿景，并为实现愿景而制订变革战略。

（2）联合群众，与团队成员沟通，使他们团结在愿景之下并投身于这一目标。

（3）激励和鼓励，通过诉诸人们的价值观和情感，鼓舞企业战胜变革的障碍，沿着正确的方向前进。

虽然管理过程和领导过程看起来相似，但科特还是指出了3点其间根本的差异。

（1）管理的计划和预算过程着眼短期，注重微观，强调风险的规避；而领导过程的经营方向的制订着眼长期，注重宏观，强调风险的承担。

（2）管理的组织和人员配备注重专业化，强调能力和服从力；而领导过程的联合群体注重整体性，强调方向和投入。

（3）管理的控制和解决问题侧重于管制和预见性，而领导过程的激励和鼓舞侧重于授权和创造惊喜。

管理和领导虽然因有着本质区别而会有矛盾和冲突，但两者缺一不可。强有力的领导可能会扰乱一个井然有序的计划体制，强有力的管理可能会打消领导行为所需的冒险意识并打击其积极性。而企业的发展，需要的是管理和领导共同发挥作用。如果没有领导，只有强有力的管理，会带来官僚主义，为了秩序而维持秩序；如果没有管理，只有强有力的领导，会形成狂热的崇拜，为了变革而变革。

同样，以安全为目的的安全领导和安全管理也有着领导和管理的共性问题。安全愿景、安全使命、安全理念等安全领导，以及我们在前面介绍的各种安全管理，都在相辅相成地成就企业安全这一终极目标。安全领导更多是以"力"来表现它的运动性，安全领导力为整个群体带来了建设性或适应性的变革。而安全管理的基本职能是自动平衡，通过让关键变量持续保持在容许的范围内，使安全系统维持下去。又因为任何自我平衡过程的重要方面都是控制，因此控制处于安全管理的中心位置。

4.3.2.2　安全领导力对员工安全行为的影响

每一起生产安全事故的发生，都在说明当下的"人-机-环"安全系统需要适应性的变革。而安全领导力就是用来解决适应性问题，而非技术性问题的。技术性问题是我们都已知道如何应对的问题，相关的知识已经被吸收，并有相应的组织流程指引我们该做什么和该谁来做。但很多时候，安全问题是清楚的，但解决方案并不清楚，或者安全问题和解决方案都不清楚。不管是界定安全问题还是找到答案，都要求学习,甚至有时一线操作工的责任大于安全管理人员的责任,如有些操作工违章操作,如果将此当作技术型问题处理,就是误导,而非领导。真正的领导力,是动员大家直面残酷的现实,进行适应性的工作。就像上面提及的例子,也许操作工需要的是换岗位,而不是反复学习规章制度和写保证书。

安全领导力影响员工安全行为,被设置为5个步骤。

第一步,建立一致性。

领导者需要创建3种类型的一致性,即个人安全实践、建立和支持安全的领导行为、系统和流程。一致性意味着组织内领导者的行为和行动是一致的,并表明安全在组织中的重要性,一致性关乎所有人的行动和决定。领导层还必须确保组织中各个级别的领导实践保持一致,以建立和维持安全系统。

第二步,传达安全价值。

有效的领导者会花费大量时间传达组织的价值观和愿景,需要与更多的人交谈,而不是简单地组织实施工作。目标人群包括那些可以帮助实施安全行为的人和那些可以阻止实施的人。试图让人们认识到并乐于分享"安全作为一种价值的重要性"是一项沟通挑战,不同于让他们理解短期行动计划。

第三步,建立参与和支持。

基于行为的安全流程将经历实施阶段和维护或维持阶段。领导者需要提供有关变革需求的令人信服的信息,并确保正确的跨部门人员参与规划和管理变革工作。领导者需要参与培训并审查培训实施的进展情况,并将注意力应转移到安全委员会的行动和整个组织的参与上。

第四步,回顾与研究。

长期目标是使基于行为的安全成为开展安全方式的一部分。在实施过程中以及流程启动并运行后,审查实施情况并确保计划的执行。在执行和维护期间,应利用各种正式和非正式机制来跟踪进程。对新流程的持续审查和研究是维持基于行为的安全计划或任何其他变革努力的最重要的领导实践。很多时候,一旦新的安全流程证明伤害减少,组织就会将注意力转向其他地方。监控有助于维持基于行为的安全计划。如果该过程无法持续,组织可能会遇到潜在的负面作用,如对组织的安全承诺失去信心、抵制变革等。

第五步,塑造和强化行为。

安全领导者的另一个重要作用是塑造参与该过程的人的行为以及其他领导者的行为。在整个基于行为的安全过程中,塑造和强化行为非常重要,因为这有助于安全工作的实践。

4.3.3 自主安全

4.3.3.1 从自生系统论到员工安全自主性

在一个生产系统中,员工们学习各种安全知识、安全技能,为了能够自由地切换应对风险的方式,还要经常重复学习。即为了能够掌握每个安全规则,并自如地运用它们,员工们需要反复地加以学习。员工们承担着相应的生产任务,一旦出现已知的某种风险,员工们就同时启动学过的安全措施,如果一个员工无法完成某项任务的话,其他员工能立刻代替他完成这项任务……

再进一步想象一下。员工们完全掌握了安全知识和技能,安全规则被员工内化后消失,在面对突如其来的风险时,一个员工的安全行为,引发其他员工的安全行为,其他员工的安全行为,再引发下一个员工的安全行为,只要持续跟进风险,那么整个员工链就能一环接一环地跟踪并防控风险了。这一阶段已经越过了运用事先设定的预案的阶段,也不需要切换应对风险的方式,分配给各个员工应对风险的任务也消失了,不管是一个员工故意还是偶然,一旦引起某些安全行为措施,那么为了使这个安全行为措施能继续,其他的员工就开始行动起来。于是,当员工们为了使安全措施继续实施而继续行动时,就达到了自生系统的阶段。

自生系统从持续运动方面来设定系统本身。如果从安全监管者角度看,它有时看似在一个接一个地产出新的应对风险的方式,有时又看似在自由地重复现有的应对风险的方式,一旦员工们停止实施应对风险的安全行为措施,由员工链组成的系统就消失了,而企业里只剩下员工们的集合体。根据风险的不同,如果再次开始应对风险的活动,那么自生系统就又出现了。此时的系统由持续应对风险的行为措施构成,如果开始应对风险,那么系统就通过员工的行为措施而产生,并设定了系统自身的边界,与持续应对风险的安全行为措施无关的员工,被划分到了系统之外。

自生系统论(autopoietic systems theory),是当下最先进的系统论(河本英夫,2016),经历了3个主要的发展阶段,具体如表4-8所示。

自生,表明生命系统具有自我生产、自我维持和自我更新的能力。自生系统论最早是由智利生物学家瓦雷拉(Francisco Varela)和马图拉纳(Humberto Maturana)在20世纪70年代初提出的,试图回答"生命是什么"或"如何区分非生命元素的生物"。答案基本上是,生命系统具有自我复制的特征。这种自我复制的能力就是自生成。因此,他们将自生系统定义为通过已有的元素不断复制新元素的系统。自生成意味着系统的不同元素以产生和复制系统元素的方式相互作用。自生系统的特性主要有以下5个方面。

表 4-8 系统论发展的 3 个阶段

阶段	主要内容	时间	代表人物
第一代	开放性的动态平衡系统	20 世纪 50 年代	坎农（W.B.Cannon，1871—1945），贝塔朗菲（Ludwig von Bertalanffy，1901—1972）
第二代	开放性的非动态平衡系统（即自组织）	20 世纪 60 年代	普利高津（Ilya Romanovich Prigogine，1917—2003），哈肯（Hermann Haken，1927— ）
第三代	自生系统论	20 世纪 70 年代	卢曼（Nicklas Luhmann，1927—1998）

（1）自定义限制。细胞自生系统由系统本身产生的动态材料界定。在活细胞中，限制性物质是质膜，由脂质分子组成，并由细胞本身制造的转运蛋白交叉。

（2）能够自我生产。细胞是最小的自生系统，能够以受控的方式产生更多的自身拷贝。因此，自生涉及生命系统的自我生产、自我维护、自我修复和自我关系方面。从这个角度来看，所有生物——从细菌到人类——都是自生系统。

（3）是自主的。与功能由外部元素（人类操作员）设计和控制的机器不同，生物体的功能是完全自主的。这种能力使它们能够在环境条件合适时繁殖。生物体具有感知环境变化的能力，这些变化被解释为告诉系统如何响应的信号。这种能力使他们能够在环境条件允许时加快或减慢新陈代谢。

（4）在操作上是封闭的。自生系统的所有过程都是由系统本身产生的。从这个意义上说，自生系统在操作上是封闭的，没有从外部进入系统的操作，反之亦然。这意味着要使细胞分裂新的细胞，需要经历某些过程，如形成新细胞结构所需的新生物分子的合成和组装。

（5）乐于互动。系统的操作封闭并不意味着完全关闭。自生系统是开放的交互系统。也就是说，所有自生系统都与环境接触：活细胞依赖其存在所必需的能量和物质的不断交换。与环境的相互作用是由自生系统调节的，它决定何时，以及通过哪些渠道与环境交换能量或物质。能量可以以光、碳基化合物或其他化学物质（如氢、硫化氢或氨）的形式出现。

面对当下最前沿的自生系统论，学者们也在安全学领域做一些尝试性的工作，如研究自主安全行为。从自生系统论的概念界定来看，自生系统对系统内组分的自主性要求很高，并对单个组分的"单兵作战"素质要求也较高。

"自主"这一词汇在我国的《现代汉语词典》中意为自己做主。因此,企业安全自主管理模式,是在企业安全管理者的引导下,员工从被动接受企业安全管理变为自己主动管理自己和企业,做自己和企业的主人,在企业管理过程中,通过自主决策、主动学习、积极参与等途径,增强安全意识、安全管理能力、安全综合素质及作业中积极性的同时,提高企业管理实际效率的一种管理模式。

该模式在肯定企业安全管理者作用的同时,更加强调员工的主体性特征,员工自主安全管理的特征主要表现为以下两点。

首先,员工的安全自主性是企业自主安全管理的最显著特征。自主,是员工自己管理自己、约束自己和发展自己的表现。以往的安全管理模式是"员工是被管理、被约束和被发展的客体",而自主安全管理模式更加重视"员工是管理、约束和发展自己的主体",强调员工既是企业安全的主体,也是企业安全管理的主人。

其次,企业安全管理者的引导作用是企业自主管理的必要特征。员工自主安全管理模式中的"自主"并不是将员工从企业安全管理和安全管理者引导中宣布独立而放任其自由发展,而是指安全管理者通过实施各种管理手段,引导员工进行自主、能动、创造性的工作及交流的过程。企业的自主安全管理模式是员工在企业安全管理者的指导下,在企业安全制度规章的约束下,有秩序、有方向、有目标的一种自我安全管理模式。

4.3.3.2 自主安全管理的成熟度

企业自主安全管理涉及成熟度的问题。成熟度是指企业在发展过程中不断地充实和改善管理的能力,从而提高企业或项目的成功率。自主安全管理成熟度,主要是为安全管理者提供一种根据标准测评的工具,以测定企业目前的自主安全文化状态,并决定是否从事改进的计划。安全管理成熟度的提高,是一个不断改进的过程,而过程的不断改进则是基于许多细小的、进化的步骤,而不是革命性的创新。

企业安全管理成熟度等级是根据实际需要人为定义出来的,一方面用于描述安全管理能力的不断进化,另一方面是为了设置安全管理能力提升的阶段性目标。

安全管理成熟度模型为企业不断提升其安全管理能力提供了一份引导图,指导企业不断改进安全管理能力,引导企业在自身安全管理成熟度等级上进行具体的操作,以改进和优化企业安全管理水平。安全管理成熟度模型是一个五级模型,每个成熟度级别是一个定义完备的进化阶段,反映企业在自主安全管理方面所能达到的水平,具体的模型等级说明如表4-9所示。

表 4-9　企业自主安全管理成熟度等级说明一览表

	特征	对策
第一级 （初始级）	①自主安全管理的主要活动基本处于一种无序状态，自主安全管理执行混乱，管理无章，没有明确的自主安全管理职责范围界定，也无具体的保障安全生产的费用和资源计划。 ②自主安全管理行为经常处于变更与调整之中，既没有自主安全管理规章制度，又缺乏稳定的自主安全管理组织，自主安全管理方式仅仅取决于成员的发挥状况，几乎不存在任何标准化流程和规范，工作的随机性非常高，安全生产的保障性非常低。 ③企业或项目成员对自主安全管理知识没有了解或者不甚了解，对于安全概念认识模糊或是没有认识	①引入自主安全管理的概念，规范不安全的生产行为。 ②开展自主安全管理知识的初步培训和教育，逐渐形成对自主安全管理思想和原则的理解，为进一步推进自主安全管理做准备。 ③设置自主安全管理岗位，培养或雇佣通过考核的自主安全管理专业人员，提高员工自主安全管理的认识能力和执行能力
第二级 （提高级）	①形成专门的自主安全管理组织，但组织结构不正规，容易出现管理冲突或空白。 ②进行了一些基本的自主安全管理行为界定和分析，有自主安全管理费用及资源保障，开始进行自主安全管理规划，但自主安全管理缺乏考核和度量。 ③开始有目的地总结和整理自主安全管理经验，自主安全管理文件部分档案化	①重视自主安全管理的教育培训，逐渐形成对自主安全管理原则和自主安全管理知识体系的全面了解。同时运用自主安全管理知识，有目的地执行安全计划和控制等工作。 ②引入安全激励措施，促进员工安全意识的提高。 ③定期进行安全绩效评价，召开安全会议
第三级 （规范级）	①自主安全管理制度形成并运作良好，自主安全管理措施规范。 ②自主安全管理的协作水平较高，自主安全管理更加有效与成熟。 ③组织意识到多个过程可以简化为一个包括所有其他过程的综合过程，即安全综合管理开始形成	①借鉴成功执行的示范，把所有的相关的过程简化为一个单一的综合过程。 ②逐渐形成对分担应负责任的观点。 ③将成熟的自主安全管理经验形成标准化的安全规程

续表4-9

	特征	对策
第四级 （量化级）	①对安全进行量化管理的理念在组织内基本确定，形成组织的自主安全管理文化。 ②自主安全管理信息系统普遍使用，与核心业务系统连接，构成基本业务数据。 ③将自主安全管理的经验、措施和方法形成数据库，从各方面指导企业安全事务	①明确基准比较的好处，达到量化管理。 ②对所有安全项目的过程进行分析，并量化处理，进行内部和外部的比较
第五级 （优化级）	①形成比较完善的组织安全文化，依托安全文化进行自主安全管理的机制形成。 ②自主安全管理不断改进与优化	能够从战略的高度来规划企业的自主安全管理，企业的自主安全管理能力处于一个持续改进、不断优化的状态

第 5 章

组织的安全行为——开放同传承

> 你要如此行动,即无论是你的人格中的人性,还是其他任何一个人的人格中的人性,你在任何时候都同时当做目的,绝不仅仅当做手段来使用。
>
> ——康德(Immanuel Kant,1724—1804)《实践理性批判》

5.1 引 言

中美洲和南美洲潮湿的森林,是世界上生物物种最丰富的森林群落之一。绿树浓荫,野花遍地,阴暗且寂静。50 多种娇鹟栖息在这里,它们像莺一样小巧、活跃、色彩缤纷,其中尤以长尾娇鹟最为著名。长尾娇鹟在选择配偶这件事上,有决定权的不是雄性,而是雌性,它们的选择标准不是雄性提供食物的能力,而是其才艺表现。

雄性长尾娇鹟会选择雌性容易看到的位置作为舞蹈地点,清除任何可能遮挡视线或妨碍它表演的东西,小心翼翼地维护这个"舞台"。为了增加舞蹈的复杂性,雄性长尾娇鹟通常表演"双人舞",由师徒组成双人组。一场精彩的表演,首当其冲的是舞步,尤以空中上下跳跃的舞蹈为必备舞,会持续很长时间(通常超过 50 次跳跃)。在此基础上,师徒在平时不断地练习中,又发明出新的舞步,左右跳跃、前后跳跃、甩动翅膀、晃动尾部……有规则的舞步还会配有它们"制造出"的各种"非发声"的声音(如羽毛摩擦发出的声音)和响亮婉转的歌声。一场表演下来,徒弟模仿着师傅,师傅变换着舞步,歌声此起彼伏,舞步纵横交错……这是一场需要近十年的刻苦训练,才能呈现出完美的表演。而这一切就是为了等候一只雌鸟飞落在观赏席。随着雌性长尾娇鹟的莅临,师徒表演正式开始。雌鸟一边欣赏这边的表演一边对比旁边舞池的表演，一旦师徒的表演出现一点点失误，她就会飞到别人的观赏区内，如若觉得师徒表演不错，她就会飞进舞池。师傅看到此，会立刻示意徒弟退出，自己开始卖力独舞，直至彻底征服雌鸟。

十年师徒切磋学习、培养默契，只为一朝博得雌鸟笑。只有师傅死去，才会引进新的徒弟，相互配合，再为雌鸟呈现完美表演。美国麦纳金舞蹈团受长尾娇鹟的特点启发，在舞蹈舞台上，邀请新人与专业舞蹈家一起编舞、跳舞，给"门外汉"提供了一个又一个令人兴奋的体验机会，以此来扩展舞蹈表演艺术的世界，在新人和大师的互动中激发人类的创造力。

无论是长尾娇鹟还是麦纳金舞蹈团，都遵循着从"依赖"到"自治"再到"开放"的发展轨迹。"一窍不通"的徒弟被师父领入门，师父的一言一行，就是徒弟"照本宣科"的"本"，"按图索骥"的"图"，"照猫画虎"的"猫"……徒弟离不开师父、不明白师父复杂的舞步逻辑，只能生搬硬套，极度依赖师父，就这样被跌跌撞撞地拽进了舞池。时间终究是一剂良药。当徒弟从对师父亦步亦趋，到能与师父配合默契，并能随意加入音乐和歌声，能在师父变换舞步时不慌不乱地前后左右填补着舞台的空缺位，就从完全跟着师父的"依赖"阶段进入了在舞台上从容配合师父且自成一体的"自治"阶段。当徒弟日日练习，终能帮助师父添加新舞步、新歌曲时，别出心裁、标新立异、不拘一格成了他追求的目标。这不仅仅是水到渠成、滴水穿石的结果，更是徒弟在师徒技艺传承过程中"开放"阶段的最佳呈现。

与技艺一样，上不封顶的安全领域也有着相同的发展逻辑。

自2010年开始，我国为落实《"十一五"安全文化建设纲要》，加强企业安全文化建设，夯实安全生产基层基础工作，提升企业安全管理水平，预防和减少生产安全事故，推动企业安全生产长效机制建设，开展安全文化建设示范企业创建活动。时至今日，已有十余年。在安全文化创建过程中，"安全文化"一名词进入企业，从对照《安全文化建设示范企业评价标准（试行）》逐项检查，逐项落实，到企业的安全文化自成一体，企业的安全文化理念和员工的安全行为自成一体，进入自治阶段。在此基础上，兼容并包其他优秀的安全思想、安全经验，让本企业的安全文化更具有弹性、灵活性和适应性。基于此，《企业安全生产标准化基本规范》（AQ/T 9006—2010）、《安全管理标准化班组评定规范通用要求》（T/CAWS 0007—2023）等均是遵循着"依赖—自治—开放"的发展路线将国家提出的"安全第一，预防为主，综合治理"方针理念植入企业的安全发展过程中。

这也从侧面说明了，我国在安全生产领域反复强调安全生产责任落实的原因，更是在《中华人民共和国安全生产法》中明确了企业里主要负责人、从业人员、安全生产管理人员等具有身份角色的具体个人的责任。强化了从业人员知情权、获得符合国家标准的劳动防护用品的权利、提出批评建议的权利、拒绝违章指挥的权利、采取紧急避险措施的权利、及时获得救治和赔偿的权利六大权利。另外,还规定了四大义务:从业人员需要以自己的行为保证安全生产,在作业过程中严格落实岗位安全责任并遵守本单位的安全生产规章制度、操作规程,服从管理,不得违章作业;接受安全生产教育培训,掌握本职工作所需的安全生产知识;发现事故隐患后应及时向本单位安全生产管理人员或主要负责人报告;正确使用劳动防护用品。明确的权利和义务,推动了每一位员工在安全生产中行使公正的权利,履行自己的安全职责。这才是员工个体在企业组织里应成为的"自己",也只有在组织中才能成为政治意义上的"自己"。

员工个体在组织中,完成了沿"依赖—自洽—开放"轨迹的发展,组织亦然,在依赖中完成传承,在开放中完成发展。长尾娇鹟成长模式在现实中普遍存在着。

5.2 组织安全行为的理念

5.2.1 事故分析模型的 3 次进阶

当前,通过减少不良事件来提高系统安全性仍然是安全科学面临的主要挑战。在过去的 150 年中,我们对事故的理解发生了根本性的变化。

19 世纪中叶,人们开始尝试对事故进行技术解释。为了安全,使用技术去封闭机器设备的活动部件,如在工作场所设置围栏等。

在 20 世纪初的匹兹堡调查中,事故原因被认为是外部的,认为事故是操作不熟练的工人和危险机器相互作用的结果。

第一次世界大战(World War Ⅰ,1914—1918)前后,人们对事故的认识发生了变化,认为事故频发倾向和不安全行为是事故发生的主要原因。

第二次世界大战(World War Ⅱ,1931—1945)后,职业安全受到人体工程学科的影响,安全学开始关注人-机交互,认为事故的主要原因是过程干扰和工人压力。此外,屏障概念在"危险-屏障-目标"模型以及事故预防策略中得到了进一步发展。

20 世纪 60~70 年代,人们越来越关注人为因素。重大灾难表明,在不清楚或意外的情况下,有能力和善意的操作员可能无法控制风险,即人们遵守简单的安全规则并不能确保复杂技术的安全。

20 世纪 80~90 年代,为了更好地理解灾难和事故,围绕"是什么让一项任务或过程失控的"这个中心问题,安全的理论和模型在技术和组织方面得到了发展。正常事故理论指出了技术的内在复杂性。漂向危险模型将外部的激进市场和主导的技术发展视为灾难的主要驱动因素。瑞士奶酪模型和三脚架理论表明(三脚架是指企业文化、制度化管理、学习创新3个方面,可谓企业中的"三个代表"),组织中的潜在因素是事故的驱动因素。领结分析法描述了多种场景、危险变得无法控制的中心事件,以及在充分或不充分控制屏障质量下的管理交付系统(领结分析法中领结中心代表顶上事件,领结左侧代表原因,领结右侧代表严重后果)。

进入 21 世纪后,安全学研究进入了更加宽广的领域,一个是全球化,另一个是从宇宙学、地质学、生物学角度来定位的人类生存的意义。

综上所述,安全学的发展历程以事故为研究切入点,以提出安全管理措施为目的(Pillay,2015),具体发展历程如表 5-1 所示。

表 5-1 生产安全事故原因和安全管理措施发展历程

3 个方法	5 个时代	事故原因	安全管理措施
当代的方法	第一个时代 与技术密切相关	事故主要归因于机械和结构故障,建议通过遵循专业工程师、建筑师和设计师发布的指南来预防这些事故。海因里希的多米诺骨牌理论解释了事故的主要原因(Heinrich et al.,1980;Pillay,2014a)	主要基于让人遵循工业时代的规章制度,这些规章制度主要来自工程和法律学科
	第二个时代 行为和人为差错	理论和事故/事件最常用于理解事故因果关系	基于行为的安全和人为差错管理控制,其知识库与社会学、心理学和劳资关系等领域一致
先进的方法	第三个时代 社会技术	认识到人不是事故或错误发生的唯一原因,并且人的表现基于构成组织的社会技术系统的复杂相互作用(Trist et al.,1951)。这些与人体工程学、人为因素和工程学等学科一致	包括工作站和控制的设计,以找到最佳的人机配合、管理系统和安全案例
	第四个时代 文化	认识到组织和文化方面的不良因素在大多数事故中起着关键作用;重大事故在组织中很可能是正常的,由于此类系统中的元素变得更加复杂和紧密耦合,因而在技术上取得了进步(Perrow,1999)	借鉴了工程学、管理学、心理学和社会学的研究;领导力、文化和集体意识被认为是更先进的安全管理策略(Pillay,2014b)

续表5-1

3个方法	5个时代	事故原因	安全管理措施
复杂的方法	第五个时代 弹性	以复杂性和不确定性为代表,安全和事故被视为是相辅相成的,人们因其适应能力而在现代技术系统的正常运行中发挥着关键作用	涉及从失败和成功中组织学习,因为人们可以适应在失败和伤害发生之前就创造安全;认知系统和弹性工程(Hollnagel et al.,1983;Schein,1996;Woods et al.,2016)

同时,还应看到,事故致因理论提供了事故因果关系的概念结构,而事故分析方法提供了应用该模型的一系列步骤(Wienen et al.,2017)。事故分析模型可分为3类,即序列(简单线性)模型、流行病学(复杂线性)模型和系统(复杂非线性)模型(Klockner,2015),具体如表5-2所示。

表5-2 事故分析模型分类

起始时间	事故分析模型分类	具体内容	代表理论
20世纪30年代	序列模型	将事故描述为以时间顺序发生的离散事件链的结果	海因里希的多米诺骨牌理论;故障树分析(FTA);根本原因分析(RCA);领结分析法等
20世纪80年代	流行病学模型	类似于疾病传播的事故因果分析,将事故视为系统内不安全行为和潜在故障的组合,强调了组织因素在事故因果关系中的作用	里森的瑞士奶酪模型;人为因素分析和分类系统(HFACS)
20世纪90年代	系统模型	将事故描述为社会技术系统中的动态和非线性互联事件,强调基于系统理论的事故分析	事故地图(AcciMap);系统理论事故模型和过程(STAMP);功能共振分析法(FRAM)

注:流行病学模型和系统模型之间的区别仍然很微妙,尽管瑞士奶酪模型中存在系统思维的元素,但一些研究人员对瑞士奶酪模型提出了批评,称该模型没有完全遵循系统理论视角的原则,包括考虑外部元素和促成因素之间的非线性相互作用(Salmon,2020)。

5.2.2 系统科学看安全行为

5.2.2.1 系统思维

在安全领域,当我们从认可"人-机-环"是一个安全系统开始,系统思维就伴随左右。我们周围的一切都是系统的一部分,系统表示所有抽象事物(如"员工"一词,没有特指具体哪一位员工,而是代表企业内所有员工)和具体事物(如正在使用的脚手架)的组合及这些事物之间的相互关系。系统思维帮助我们审视和分析自身及周围的事物,并加以改善,要求我们无论是在宏观还是微观层面,都要更善于观察和认识影响我们安全存在的事物,然后采取必要措施来消除奔往安全道路上遇到的障碍。

以安全为目标的系统思维的核心,是一种对事物皆有联系的认识,我们应将事物视为一个整体而不仅仅是一组各自独立的部分。从大局入手,从深入挖掘组成部分彼此之间关系的角度来审视它们,而这就是系统思维为我们提供的一种能力,一种处理复杂的问题的能力。

1987年,里士满(Barry Marshall Richmond)教授提出了"系统思维"的概念。他认为系统思维是一门科学,通过不断深入理解内在结构对行为作出可靠的判断(Richmond,1993)。1990年,彼得·圣吉(Peter Michael Senge)在其成名作《第五项修炼:实践篇》中提出:"系统思维是一种思维方式,是一种用来描述和理解形成系统行为的力量和相互关系的语言,这一学科帮助我们了解如何更有效地改变系统,如何使我们的行为与物质世界和经济世界的自然过程更加协调"(Senge,2016)。

系统思维可以帮助我们通过聚焦系统内各部分之间的联系和相互关系来看待事件和模式,而不再孤立地看待各个部分。系统思维促使我们去思考一些更深层次的问题。

当出现以下8种情况时,我们就需要用系统思维思考问题了,如表5-3所示(舒斯特,2019)。

表 5-3 需要使用系统思维时刻

序号	主要现象	示例
1	问题的大小和解决问题花费的时间和精力不匹配的时候。那么很可能它只是问题的一个症状而不是真正的问题	提升机滚筒钢丝绳总是掉槽
2	人们有解决问题的能力,却不去解决	部分工作场所的噪声对员工和周边居民产生长期影响
3	已经多次尝试去解决问题,但始终没有成功	协力工的工作技能提升
4	在一个组织中,有些事情是人们不想触碰甚至谈论的,那么人们就不会去解决这些事情所引发的问题	管理层与岗位员工的工资待遇、岗位分流等

续表5-3

序号	主要现象	示例
5	如果这个问题有一个模式,且似乎可以预测结果,那么这很可能是一个问题的症状	如果运输皮带区域的通廊温度高、粉尘大、照明不足,巡检效果就会打折扣
6	如果一个问题始终存留在某个组织内,那么也许是组织在潜意识中喜欢这个问题的存在	多种用工制度导致的收入差距
7	如果在解决问题过程中,组织看起来压力很大,十分焦虑,说明大家只是在解决问题的症状	煤气泄漏导致失火,火情难以控制,可能需要停产解决
8	你刚解决了一个问题,另一个问题又出现了,像小孩玩"打鼹鼠"游戏,问题层出不穷,除非把更深层次的问题解决掉,否则相关的新问题会不断出现	煤气管网因长久失修,补好了这个漏洞,又出现了新的漏洞

5.2.2.2 系统的安全行为

系统,是一组相互关联的事物,并随着时间的推移展示出其行为模式。系统通常是导致系统行为的原因。当外部力量作用于一个系统时,系统反应的方式和这个系统本身的特性是一致的。如果同样的外部力量作用于不同的系统,那么很可能会产生不同的结果。

一个员工就是一个系统,这个系统由许多相互作用的部分组成。首先是一些实物,如员工的身体及周围可以触摸到的东西,如扳手、鼠标、手机……其次是抽象的事物,如员工接受的一些安全培训,获取的无形的安全知识,进入班组中感受到的安全氛围,共事过程中形成的安全价值观。而正是这些抽象的事物定义了每一个员工内在的"自我"。最后,员工在工作中遇到的那些无法完全控制的事情,如人际关系、安全、健康……所有这一切协作构成了员工的个体系统。而员工的行为,正如在员工个体安全行为中阐述的,外界的"刺激"使得个体系统作出了一定的"反应"。

一群员工也是一个系统。在这个系统中,每个员工都是真实存在的,员工系统相互联系,组成一个更大的系统。首先,系统的要素包括若干名员工、生产经营单位负责人、生产经营的商品、生产所需的机器设备、其他工作条件……其次,信息流促使系统里各要素关联起来,包括在作业规范、生产经营负责人发挥的作用、员工之间的交谈和互动、决定大家行为的一些抑制生产安全事故发生的安全规律影响下彼此之间形成的关系……若彼此之间没有形成互动关系,工作中的信息流就会处于停止状态,彼此间的关联也就结束了。一名新员工进入工厂后,要经过一段时间的学习,才能成为群体系统所需的组成部分。最后,大家工作的目的是安全生产,获得工资,得到成长,收获工作的快乐……而群体行为,也正如在群体安全行为中阐述的,外界的"影响"使得群体系统作出了一定的"回应"。

当在更大范围时,如将若干个群体被纳入观察范围时,即形成了广义的"人-机-环"系统。那么对这个系统产生重要影响的是要素、关联还是目的呢?

首先,要素的变化对系统的影响最小。虽然某些要素对系统来说非常重要(如员工),但总体来说,当这些要素发生变化时,系统依旧可以用类似的形式存在并继续运转以实现其目的。比如,员工离职、退休等,这些改变并不会影响企业继续运转,"人-机-环"系统仍然有相同的宗旨和明确的目标。同时,即便是要素的数量发生变化,只要系统的关联和目的保持不变,系统就能保持原来的本体继续运转,要素给系统带来的变化是轻微的、缓慢。如冶金企业的大量减员没有影响"人-机-环"系统的继续运转。

其次,关联的变化对系统影响较大。即便要素保持不变,系统也很可能因为关联的变化而变得无法正常运转。比如,若人们发现不安全行为对事故丝毫没有影响,那么在"人-机-环"系统中,人不遵守安全作业标准,可以试错式生产,随意行为,"人-机-环"系统就会处于无秩序状态中。

最后,目的的变化对系统影响最大。如果企业所建立的"人-机-环"系统不再以安全生产为目的,而是以赚钱为目的,那么显然"人-机-环"系统会发生重大改变,从高效率、低成本出发,让"人-机-环"系统达到"印钞机"的最大极限。即便系统的所有要素和关联都保持不变,改变系统的目的都将给系统带来本质变化。所以要坚定不移地实现"零愿景"这个系统目的。

在"人-机-环"系统、群体系统、个体系统中,系统的3个部分都不可或缺,要素、关联、目的彼此之间相互作用、相互影响,都在系统中发挥着至关重要的作用。系统的目的明确决定了系统的行为。关联是系统内部的关系,当它们发生改变时,系统的行为通常也会改变。要素最显而易见,但不太可能给系统带来显著变化,除非在要素发生改变的同时系统的关联或目的也改变了。系统的3个部分都很重要,但系统的目的对系统影响最大。

当一个系统在一段时间内所展示的行为是一致的时候,很可能存在一个控制和创造该行为的机制。这个机制以反馈回路的方式运行。若在一段时间内形成某种一致的行为模式,就说明反馈回路已经存在了。反馈回路要么使储备水平保持在一定范围内(平衡回路)(图 5-1),要么允许它上升或下降(增强回路)(图 5-2)(Kontogiannis,2012)。

第 5 章
组织的安全行为——开放同传承

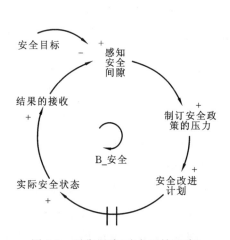

图 5-1　平衡回路(或负反馈回路)

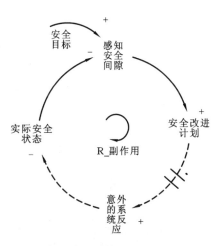

图 5-2　增强回路(或正反馈回路)

在"人-机-环"系统中,存在平衡回路(图 5-1)。平衡循环(或负循环)是一种结构,它通过某些动作缩小实际状态和期望状态之间的差距。如可以模拟安全计划或干预措施如何缩小实际安全与目标安全之间的差距。延迟标记(即图中双线)模拟循环中因果之间的时间。要建模的"状态变量"的选择取决于分析的目的。例如,可以插入"对结果的感知",以显示从业者在复杂情况下的检测能力如何影响对安全差距的感知。同样,将"制订安全政策的压力"插入模型中,可能会减轻在安全改进方面投入的外部压力。

强化循环(或正循环)基本上是一个自循环,会改变初始状态变量并可以产生增长、放大偏差或强化变化。它可以显示安全改进计划如何产生意外的副作用或反应,但副作用可能不会立即产生影响。系统反应可能会潜伏很长时间(参见图 5-2 中的延迟标记),直到操作员操作或系统事件触发反应。

5.2.2.3　"零愿景"是系统目标

"零愿景"(zero accident vision,简称 ZAV),是指"人-机-环"系统要实现严重和致命工伤事故、伤害和疾病为零的目标。"零愿景"有一个前提假设,即所有(严重)事故都是可以预防的。"零愿景"作为目标,有两层含义:其一,为防止事故再次发生,把"零愿景"作为预防措施;其二,作为一种惩罚措施,对所有违反"零愿景"的行为进行惩罚。

荷兰最大的钢铁公司 Twaalfhoven 实施"零愿景"理念时,把人为差错定为犯罪(criminalising human error,简称 CHE),CHE 主要涉及两种处理方式,其一是起诉,其二是对有人为差错的员工采取纪律处分,来回应犯错或违反安全规则的员工(Dekker,2003)。

该公司处理人为差错的主要目的是终止不安全行为,其次是预防不安全行为的再次发生,惩罚不是目的。同时,在实现"零愿景"过程中,员工的安全态度和安全行为是实现零事故的关键点。

5.2.2.4 个体系统安全行为的表现

在个体行为层面,扩展控制模型的一个变体为开发系统动力学模板提供了基础(图 5-3)。该模板涉及控制模式、延迟和变化率、信息流、约束和系统边界。

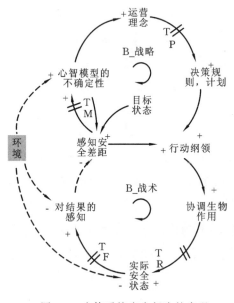

图 5-3 个体系统安全行为的表现

图 5-3 显示,监管和跟踪是一个战术循环,而指导和建模已经被一个类似组织学习的双重控制循环所取代(Argyris et al.,1996)。B_战术循环用于调整原始计划并监控其有效性,而 B_战略循环则根据对问题的更新理解修改计划。安全差距感知和心理模型之间的自我循环是一个自上而下的监控过程,它引导注意力并扫描重要的线索和事件。图中的虚线箭头指示了来自环境的影响和事件,这些影响和事件可能会改变系统的状态并触发战术循环。在其他情况下,外部事件可能被视为具有威胁性的事件,并在预期未来的突发事件时触发战略循环。在早期动态决策研究的基础上(Brehmer,1992),时间动力学的研究主要包括以下 4 个方面。

(1) 人类控制器的反应时间(TR)和技术过程的时滞。

(2) 从结果产生到数据收集和报告的反馈延迟(TF)。

(3) 解释事件和反馈以更新对问题理解的建模时间(TM)。

(4) 指定"操作概念"并决定行动计划的规划时间(TP)。

尽管很难找到准确的时间估计方法,但考虑时间约束对于检验假设和预测性能是有价值的。

5.2.2.5 群体系统安全行为的表现

随着重点转移到更高的组织控制级别,纵向和横向交互的建模变得更加复杂。这使得用一个简单的因果循环图来捕捉组织控制论模型的复杂性变得很难。根据早期对组织中系统动力学的研究(Marais et al.,2006),我们需要开发一个用于组织安全的系统动力学通用模型,该模型与人因模型具有许多共同的控制特征,如图 5-4

所示。安全问题被视为实际安全和目标之间的差距,在政策(或战略)层面和计划(或战术)层面触发两个平衡循环。循环的同步对安全至关重要,因为 B_安全方针循环为 B_安全干预循环设置目标优先级和工作条件,而后者向前一级控制提供反馈。协调可能会变得困难,因为这两个循环具有不同的时间尺度及不确定性程度。

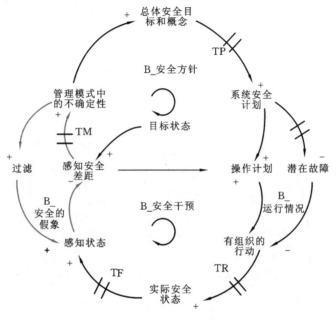

图 5-4　群体系统安全行为的表现

例如,将组织响应时间(即上循环中所有延迟的总和)与作为下循环一部分的技术系统的变化率进行比较是很有趣的。在复杂系统中,技术系统状态的变化可能比组织发现和应对问题所需的时间快得多。

利用系统动力学可以对两个平衡回路之间缺乏同步可能显著增加总体风险水平的情况进行量化(Cooke et al.,2006)。图 5-4 说明了两个平衡回路之间的几种相互作用。策略循环可以创建降低潜在故障可能性的系统安全程序(B_运行情况循环),从而加强安全干预循环。相反,由于对运营中提供的信息进行了过滤,管理层对信息的感知和心理模型之间的循环可能会产生"安全错觉"。在这种情况下,感知到的安全差距可能较小,因为感知到的当前安全状态好于实际安全状态。

5.2.2.6　组织安全行为的表现

现代组织中的一个常见问题是,大量数据是由系统本身生成的,这往往会让员工和主管不堪重负。数据过载可能导致信息过滤和错误的假设,信息可能会被转发。一旦一个组织被分化或分割成若干个子单元,挑战就变成了整合或协调——将它们重新组合在一起。在操作复杂系统并提高执行任务效率的组织中,专家是必不可少的。然而,随着组织变得越来越分化或专业化,不同的人和部门往往会构建不同的框架来了解正在发生的事情及应该通知谁。为了解决这些问题,可行系统模型(viable system model,简称 VSM)提供一种审计功能,允许主管直接查看系统,如图 5-5 所示。审计功能创建了一个 R_评估循环,减小了不同部门过滤信息的影响。即使在安全差距不明显的情况下,也会触发审计功能以调动更高级别的管理功能。

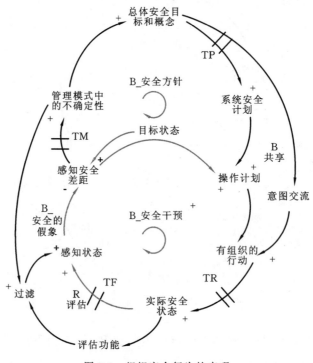

图 5-5 组织安全行为的表现

R_评估循环可以加强人与人之间的协调行动,从而增加提高实际安全性的机会。审计功能应该是偶然触发的,而不是经常触发的,否则它可能会通过不断增加安全差距感知的不确定性和担忧来扰乱 B_安全干预循环。自下而上的审计有助于更高职位的员工获得操作流程的概览,而自上而下的意图沟通则支持问题的发现。

5.2.3 复杂性科学看组织

5.2.3.1 复杂性科学

美国斯坦福大学的斯科特(W.Richard Scott)(2003)认为,系统思维和复杂性科学(主要是自组织、混沌理论和耗散结构)是不同的。复杂性科学的主要内容如表 5-4 所示。

表 5-4 复杂性科学的主要内容

主要理论	具体内容
系统论、控制论、信息论	系统论方面,复杂性理论很多方面都来源于系统。在复杂性理论之前,系统论研究就涉及复杂性、自组织、适应等概念,很多对复杂性的解释需要借助系统的概念。控制论方面,20世纪中后期的控制研究控制系统,为现代计算打好了理论基础。因此,计算和复杂性科学之间的相互作用可以追溯到它的起源,随着两者一起发展,系统论的很多内容都与计算有关,并且已经不仅限于计算领域。 信息论方面,计算机科学及与其对应的信息论,在很多方面对复杂性理论的发展作出了主要贡献
非线性系统理论、混沌理论	非线性是贯穿复杂系统所有领域的不变特征和主题,大部分非线性系统理论起源于数学和物理学,在对某些类型的方程、天气模式、流体力学和特殊的化学反应的研究中,出现了一些像蝴蝶效应和混沌理论之类的非常违反直觉的现象。 混沌理论研究非线性动力系统,线性系统理论建立于系统具有平衡性的前提,尽管线性理论可以用来估计,但事实上和很多现象都需要用非线性变化过程来描述
网络理论	网络理论是复杂理论的另一个主要分支,因为几乎所有的复杂系统都可以用网络的形式来理解,并以网络的形式建模。随着信息技术的出现和计算机科学的发展,网络理论开始发挥基础性作用。利用网络理论和新的数据源,我们开始真正认清参与构造我们世界的复杂系统
复杂适应系统理论、自组织理论	复杂适应系统是复杂系统的典型例子。复杂适应系统和复杂系统这两个词经常可以相互代替。它们是高度动态的,通过缓慢的进化发展而来。 自组织理论是复杂性理论的一项重要内容,不同的是如何在没有统一控制的情况下组成一个功能协调的整体。在简单规则的支配下,主体如何同步行为。当自下而上的组织模式出现时,自组织就完成了。研究人员可以通过掌握局部的规则,为复杂适应系统建模,并试图模拟主体和进化动力相互作用形成系统的过程

5.2.3.2 组织风险评估的特点

组织风险与技术风险评估不同,两者的区别如表 5-5 所示。

表 5-5 技术风险和组织风险的区别

技术装置和风险评估	组织和风险评估
分解、分析方法	系统方法(相互作用)
定义的边界(相当封闭)和非自组织/自适应系统	开放的(没有明确定义的边界)和不断发展的、动态的系统,自我组织
使用一般定律预测和预见危险序列,在事件/故障树中建模,具有线性因果关系	系统内的非决定论、不可预测的因果关系、循环关系和非线性因果关系、目的论(个人目的)
部件之间的决定性相互作用,预测事故序列的工程知识	自组织系统和个体间交互本质的复杂性,揭示了社会交互的本质
通过使用计划确定的现有装置(如 PID 管道仪表图)	在对现有组织生活进行解释或呈现时,仅用简化的图形模型无法完美地表示
定量评估,可以提供概率性结果	几乎没有定量,系统过于复杂,涉及人性

5.2.3.3 在安全领域中与组织相关的工作

在开放系统中,与安全和事故领域已确定的组织相关的工作包括如下几项(表 5-6)。

表 5-6 在安全和事故领域中与组织相关的工作

类别	代表人物及其著作	特点
人为灾害的潜伏期	Turner(1999)《人造灾难:远见的失败》	基于事故案例研究
正常事故理论	Perrow(1999)《正常事故理论,与高风险技术共存》	基于事故案例研究
高可靠性组织研究	—	基于对高风险行业正常运营的定性调查
根据"可接受风险"中描述的结构、错误类型	Heimann(1997)《可接受的风险、政治、政策和风险技术》	基于事故案例,从定性和定量角度研究
集体正念和感觉制造的崩溃	Weick(1993)《组织中感官制造的崩溃》;Weick 等(1999)《组织高可靠性:集体正念充实的过程》	来自高风险系统的正常运行和案例研究

续表5-6

类别	代表人物及其著作	特点
具有机构视角的高可靠性组织方法	La Porte(2001)《可靠性和可持续性》；Roberts 和 Desai(2004)《监管者和被监管者：高可靠性组织绩效的系统视角》	基于对正常运营的研究
安全管理体系原则	OHSAS 18001—1999；OHSAS 18002—2000	基于质量和 Plan-Do-Check-Act(PDCA)循环等原则
为定量风险评估目的开发的安全管理模型	Bellamy 等(1999)《I-Risk：开发综合技术和管理风险控制和监测方法，用于管理和量化现场和场外风险》	基于系统的动态表示和解决一般问题的 GPS 模型
安全文化和氛围研究	Guldenmund(2000)《安全文化的本质：理论与研究综述》	基于正常运营中组织文化的定量和定性方法
偏差的正常化	Vaughan(1996)《挑战者号发射决定：美国国家航空航天局的风险技术、文化和偏差》	基于事故案例研究
实际漂移	Snook(2000)《友好火灾，美国黑鹰在伊拉克北部上空意外坠落》	基于事故案例研究

5.3 组织安全行为的规范

5.3.1 传承与开放

系统的安全行为具有与外部环境互动的特征，这种互动可以是信息、能量或物质的交换等。开放的反义词是孤立，孤立意味着系统既不与环境交换能量、物质，也不交换信息。为了使系统的安全行为(如组织的安全行为)能够生存,必须通过采用自己的结构和行为来应对系统中存在要素的变化(Millett,1998)。从开放系统视角看,组织可以视为受其运行环境影响的系统。

5.3.1.1 系统的内部互动——传承

系统内部的互动,主要表现在两个方面,其一是理性系统角度,其二是自然系统角度。一个系统能传承的往往是它内部的规范和结构形式,或者系统内部的目标复杂性和结构非正式性,总之,传承的是系统内部的互动结构。

1. 理性系统视角

术语"理性"在这里是指技术或功能理性的狭义含义。理性,是一系列能够以最高效率实现预定目标的行动。理性系统模型将正式结构作为有效实现特定组织目标的敏锐工具。因此,有两个基本假设有助于将组织视为理性系统,即目标规范和结构形式化。虽然特定目标旨在为参与者提供明确的选择标准,但高度形式化的结构为参与者提供了明确和确定的规则与角色关系,以管理他们的互动行为。

在组织互动中,目标规范和结构形式化可以被视为"试驾",通过标准化和规范化的员工互动行为更容易预测。这反过来又允许群体中的每个成员对其他成员在特定条件下的行为形成稳定的期望。这种稳定的预期是理性考虑组织群体互动后果的主要前提(Simon,1997)。聚集在一起并规范正式群体内部互动的社会黏合剂被称为规范结构,其中包括价值观、规范和角色。价值观是选择行为目标的标准,规范是管理该行为的一般规则,角色是对特定职位的期望,指他们在系统中的位置。在任何组织中,价值观、规则和角色构成了一套相对连贯和一致的规范,用于管理人员的行为。在这里,个体或群体间的互动旨在通过展示相对高度形式化的结构来实现相对特定的目标。

2. 自然系统视角

理性系统视角侧重目标规范和结构形式化,而自然视角则更强调目标复杂性和非正式结构。从这个意义上说,自然系统承认目标可以是多元的,而不是单一的。它们将既定的或官方认定的目标与实际的或可操作的目标进行区分。一方面,自然系统模型假定存在某些操作目标,如果系统想要继续生存,就必须实现这些目标。另一方面,自然系统并不否认组织内部存在高度形式化的结构,但会质疑它们对员工行为的影响。自然系统认为非正式结构的存在和重要性基于特定参与者的个人特征,而不是基于正式结构中的给定位置。

目标的复杂性和结构的非正式性使员工的交互行为过于复杂和不可预测。约束和规范非正式群体之间互动的社会黏合剂被称为行为结构。组织价值观、规范和角色可以塑造、引导和模式化参与者的情绪和活动。作为选择行为目标的标准,价值观塑造了员工的情绪并决定了真正的目标。此外,以行为导向选定目标的规范引导员工们的活动以实现这些目标。角色模式使个体参与者根据自己在正式结构中的位置进行互动。在此基础上,自然系统模型将组织视为集体,其员工对系统的生存有着共同的兴趣,并参与个人间和群体间的非正式互动,以确保实现已定的目标。

5.3.1.2 系统与外部互动——开放

归类为理性和自然系统的组织系统,主要关注个体参与者或组织工作组之间的组织内部互动。理性和自然系统模型并不关心组织与构成其组织环境的元素之间的相互作用。除了组织内部的交互,组织与其环境元素之间的交互受到开放系统理论的主要关注。

当西蒙在 20 世纪 40 年代引入开放系统方法时,开放理性系统模型迅速流行并刺激了建立在经济学、心理学和社会学背景下的多种理论的发展。这包括有限理性理论、代理理论、权变理论、比较结构分析和交易成本分析。

自 20 世纪 60 年代以来占据主导地位的开放理性模型正在被开放的自然理论所取代。这些新理论挑战了组织行为理性的观点。这些理论包括组织理论、协商秩序理论、组织学习理论、社会技术系统理论、战略偶然性理论、人口生态学理论、资源依赖理论、马克思主义理论、制度理论和后现代主义理论。

开放系统视角假定环境需求和组织响应由决策者或管理者调节,他们制订了适当的决策来应对环境变化。开放理性系统模型不仅强调决策者的认知局限性以及价值观、规则和角色的规范结构组成部分的作用,以支持他们对环境需求的理性反应的有限理性模型,还非常强调帮助员工感知环境变化以及其做出反应的认知过程的重要性。在该模型中,组织的结构特征由多个环境约束来管理,所以,组织的有效结构不仅取决于技术和任务环境,还取决于所采用的战略突发事件模型。

综上所述,系统与外部环境的互动、开放的系统边界,使得系统更加活跃,当然外界环境还会进一步影响系统内部的结构,但总体会使得系统在实现其目标走向上更加稳健。

5.3.2 高可靠性组织

5.3.2.1 必然性

大规模、现代化的复杂人-机系统在给人类带来巨大经济利益的同时,也威胁着人类的生存,一旦发生生产安全事故,就可能导致社会的巨大灾难。在运用高科技的今天,信息化确实能让信息交流更加便利,但当智能的机器设备出现故障时,人的调度就显得更加重要了。

人和机器设备相比,虽然机器也有出现故障等不可靠的时候,但在目前技术经济条件下,设备按照设定好的条件工作,一般来说还是比较可靠的,不会出现很大的变化,也比较容易预测;但人则不然,虽然工作条件、环境条件都没有变化,但人由于生理、心理的原因,有时动作不准确、不协调,因而工作质量下降,出现操作失误、违章等,这些人的不可靠性表现出来的人为错误往往会带来巨大损失。

越来越多的研究表明,技术失误和人为错误的深层次原因在于组织错误。对于工业复杂系统,完全依靠安全技术系统的可靠性和人的可靠性,还不足以完全杜绝事故的发生。直接影响安全技术系统可靠性和人的安全行为的组织管理因素,已成为导致复杂系统事故发生的最深层原因。

同时,我们还应看到,人固然有实施不安全行为的一面,但与机器设备不同的是,人有思维、判断力、学习能力,有无限的潜能。培训可使人的潜能不断释放,工作能力不断提高,不仅能自己发现错误,及时纠正,还能发挥创造性,改善和提高整个系统运行的可靠性。人为错误和人的不安全行为归根结底是组织管理不到位,采取措施可以提高人的可靠性,改进人的安全行为,进而实现组织的可靠性以保证系统运行的安全。组织管理不善造成的人的不安全行为主要表现在5个方面。

(1) 组织结构不合理:组织设计不能适应工作流程。

(2) 工作划分不科学:企业没有量才用人,缺乏科学的工作划分。

(3) 定置化、目视化、规范化现场管理不善:良好的现场应该通过现场定置划线和各种各样的可视化提示及到位的纠错防错设计,让那些容易发生的错误很难发生,很难完成的事情易于实现。

(4) 员工培训不够:管理层不重视对员工的培训,员工成长机制缺乏,员工对工作技能、团队配合不熟悉,在工作中失误就会增多。

(5) 企业文化、员工愿景、心智模式不良:企业缺乏良好的安全文化,缺乏凝聚力,缺乏合作精神等。

现代大规模人-机系统本质上是开放的复杂社会技术系统,与外部环境有着广泛的、大量的信息交流,外部因素的变化对系统内人员的安全行为具有很强的影响作用,要想提高人的安全素养,提升人对复杂技术系统的适应性,保证人员的可靠性,减少失误,提高安全行为,还要依靠优秀的组织来提供保障。而组织管理中意外事故的发生、发展具有不可预测性和不可抗拒性,组织管理的缺陷常常导致危机事件或事故的发生。由此,建立高可靠性组织,实现安全团队管理,才是当下实现安全管理的主要途径。

5.3.2.2 高可靠性理论和正常事故理论

HRO是适应日益复杂环境的自适应组织形式的先驱。

当我们描述 HRO 时,我们想到的是核电厂、核航空母舰和空中交通管制系统,这 3 种构成了"默认"的参照物,尤其是当 HRO 的具体研究无法说明我们在有效和无效实践之间进行的精确对比时,参照物就显得格外重要。尽管组织看起来多种多样,但我们可以将其归为一类,因为它们都是在一个无情的社会和政治环境中运作的。在充满犯错误可能性的情况下,通过实验学习,在面对不断变化的脆弱性来源时,我们可以在某些情况下避免失败。复杂过程用于管理复杂技术(Richlin,1993)。正常事故理论(NAT)和高可靠性理论(HRT)经常被人们并列提起,两者对比如表 5-7 所示。

表 5-7 高可靠性理论与正常事故理论的对比

	高可靠性理论(HRT)	正常事故理论(NAT)
代表人物及提出时间	佩罗,1984	第二次世界大战后
主要内容	对三里岛核电站事故进行分析,发现核电站的技术由于依赖时间的过程、不变的序列和有限的松弛而紧密耦合,通过这项技术传播的事件不仅不可见,无法预测,并且以交互复杂的方式级联	也考虑高风险技术,但重点关注高风险组织的子集,即高可靠性组织,这些组织在追求无错误性能方面采取了各种特殊措施
假设	任何元素紧密耦合且交互复杂的系统都会在正常操作过程中发生事故,这正是因为缺乏控制和无法理解发生了什么	—
安全措施	从紧耦合到松耦合,或从交互复杂系统到线性转换系统,都会降低灾难性错误的发生率	强调的一些必要但不充分的条件,如安全的战略优先顺序、对设计和程序的密切关注、有限程度的试错学习、冗余、分散决策、经常通过模拟进行的持续培训,以及对潜在事故产生广泛警惕和反应的强大文化

高可靠性组织是依据高可靠性理论发展起来的。早期对 HRO 的描述强调了完全消除错误和不存在试错学习,而后来的描述似乎考虑了错误的不可避免性及基于这些错误的有限程度的试错学习的重要性。早期的理论强调高可靠性组织的封闭系统性质,而后续版本显示人们认识到监管和公众感知等外部积极影响。

正常事故理论批评高可靠性理论忽视复杂的环境影响,无法一心一意追求安全操作。该理论指出,复杂的政治和社会力量往往会破坏员工诚实报告和从缺点中吸取教训的能力。具体而言,模糊的因果关系和出于政治动机的事故掩盖会影响试错学习。此外,该理论还存在相互竞争关系的利益很少在安全问题层面保持一致,可靠性增强策略实际增加了正常事故发生的可能性。因此,冗余会使系统更加不透明,从而使系统更加复杂。集中决策前提会导致盲点,概念松弛会"粉碎"共同观点并传播混乱,学习可能会预测复杂性,但无法阻止其升级。

相反,高可靠性理论批评正常事故理论忽视了紧密耦合的交互复杂系统不会失效的条件。诸如"无论我们多么努力,复杂交互和紧密耦合系统的特征最终都会导致重大故障"之类的断言引出了这样一个问题,即系统需要多长时间才能避免灾难,才能将这种避免视为反对正常事故脆弱性假设的证据。此外,大多数组织并没有冻结在佩罗的 2×2 松/紧耦合和线性/复杂交互中可能出现的 4 种组合中。相反,整个组织会根据变化的需求改变其特征,任何组织的某些部分都适合所有 4 种组合,并且所有组织由于互联技术和互联资源需求,正朝着交互复杂且紧密耦合状态发展。

高可靠性组织虽然在人力资源组织的流程中不是独特的,但却与众不同,因为它们关注失败而不是成功,关注惯性而不是变化,关注战术而不是战略,关注当前而不是未来,更关注弹性和预期。组织通过认知过程和生产过程来努力提高可靠性。结果是惯性倾向被抑制。但,正是无意识加上轻率的行为,使得人们很难应对连续不断的突发事件和非常规事件。

5.3.2.3　实现高可靠性组织的工具

高可靠性组织,是指企业内部有效的管理机制与安全预警机制,即应用人类行为科学理论来计划、组织、调配、领导和控制人类行为过程,以提高安全性和可靠性的组织。高可靠性组织从组织本身的角度思考组织的事故发生率及安全管理的问题。

美国密歇根大学的教授维克(Karl Edward Weick)指出,高可靠性组织具备一项共同的基本特质,即对于不断袭来的意外改变,能及早警觉,并迅速采取有效的应对措施(Weick,1979)。高可靠性组织在艰难复杂的环境中持续操作运营,并且能在相当长一段时期内保持高安全性,避免多次本会由于风险因素和复杂性而导致的灾难性事故发生。高可靠性组织的定义主要表现在以下 3 个方面。

(1) 具有最佳操作历史和具有潜在危险。

(2) 在一个小失误就可能导致巨大事故的危险环境中,能长时间保持零事故操作。

(3) 即便在多方位且危险的任务环境中,通过有效管理,仍能展示几乎持续的零事故运营。

总之,高可靠性组织的核心是同时呈现自适应学习和可靠绩效。

高可靠性组织的关键,是一套体现在流程和实践中的原则,使组织能够将注意力集中在紧急问题上,并部署正确的资源集来解决这些问题。注意并响应小的干扰和漏洞,使组织能够在小问题升级为危机或造成灾难之前及时采取行动纠正。高可靠性组织有如下 5 个特点(Weick,1999)。

(1) 专注于各种类型的失败。对失败保持高度关注,不放过任何一个小的偏差,不局限于对这些问题进行简单的分析,把每个失败当作更大问题爆发前的潜在表现,分析原因,以识别和应对更大的问题。组织持续保持警惕,强调在危机出现前进行预防,将未遂事件视为宝贵的财富,视为改进当前系统的机会,以提升系统的可靠性水平。

(2) 拒绝简化解释。拒绝简化或忽略所面临困难和问题的解释。组织接受工作的复杂性,在面临复杂和易变的系统时,不提倡接受简化后的解决方案。高可靠性组织明白它们的系统随时都有可能出现问题,因此抵制对任务执行和常规程序的过度简化。但这并不意味着高可靠性组织要把简单的问题复杂化,而是让所有成员主动去思考和发现可能出问题的环节,而不是假定那些错误和潜在的失误只是一些简单单一的原因导致的。

(3) 对操作敏感。不允许强调整体战略而轻视现场操作的重要性,要将安全重心放在操作层面上。高可靠性组织认识到操作手册内容和政策会经常发生改变,它们必须对工作环境的复杂性保持关注。高可靠性组织内的员工可以快速识别异常和存在的问题,并主动消除潜在的错误。保持对作业环境的感知,对各个层面的员工都是至关重要的。

(4) 弹性。承认系统人为错误和人的不安全行为会出现,承认不能完全消除高危复杂系统的差错,但通过积极对出现的问题进行分析,预测可能发生的事故,通过保持必要的冗余和闲置资源,保持应对突发情况的灵活性,当意外事件发生时,可以提高操作弹性和灵敏性。通过接受失败,以积极和不归责的方式总结经验教训。

(5) 尊重专家意见。确保充分挖掘各级专家的意见,打破组织间层级制度,与领导者保持紧密联系,从各级人员那里收集信息。人员充分参与作业,组织信赖并依赖那些对遇到的问题有相关知识和解决经验的专家。

高可靠性组织的实践方法和工具涉及 3 个方面(雍瑞生,2014),如表 5-8 所示。

表 5-8 高可靠性组织实践方法和工具

角度	基础	方法/工具
精益安全	观念决定态度、态度决定行为、行为决定习惯、习惯决定文化、文化决定结果	领导承诺,全员参与;直线责任,属地管理;安全经验分享会;行为安全观察与沟通
个人可靠性提升	帮助员工保持积极的表现以更好地适应工作环境	标准化作业;工作循环检查;安全培训
设备、环境可靠性提升	改善设备设施状况及员工的工作环境,使员工对设备、环境有清晰的认识,并对危害和可能的错误后果有心理准备	6S管理(整理+整顿+清扫+清洁+素养+安全);目视化管理;工作安全分析;上锁挂签,能量隔离;作业许可

5.3.3 正念组织

5.3.3.1 正念和可靠性

高可靠性、高风险、高效益等词,都是在基础词前加了一个"高"字。

可靠性指重复产生某种最低质量的集体结果的能力(Hannan et al.,1984)。

组织可靠性,被认为是通过制订高度标准化的程序来实现的。事实上,行为或活动模式的重复性或再现性的概念是传统可靠性定义的基础。随着时间的推移,常规和可靠性已经成为同义词,并且成为惯性倾向的前因,惯性倾向被认为会导致适应能力的降低。

可靠的结果,是针对不同生产过程的稳定认知过程的结果,依据这些过程可以发现并纠正意外后果。预防意外事件需要修改评估、计划和战术。这种修改之所以可行,是因为"理解""证据收集""检测""评估"等过程本身在面对新事件时保持稳定。这些稳定的认知过程做"检测",可变的活动模式做"适应需要修改的事件"。

有一个独特的概念,即"正念",正念与行动能力的集合密切相关。在 HRO 中,正念与动作库之间的密切关系是保持组织有效性的关键,愿意对特定危害采取行动的组织也是愿意正视危害并思考如何避免它们的组织。因此,当人们将新的变量置于他们的控制之下并提升他们的行动能力时,他们也会以一种谨慎的方式扩大他们可以注意到的问题的范围。如果人们被阻止对危险采取行动,不久他们对这些危险的"无用"观察也会被忽略或否认,错误会在不知不觉中累积。因此,正念状态的丰富程度取决于动作的丰富程度。而动作库的丰富程度部分取决于认知过程的稳定和持续发展程度,部分取决于发现和管理意外事件的可变例行程序库的持续扩展程度。

同时，组织会通过不断对有意识的例行程序重新协商，提供有价值的信息，说明一般组织如何通过更有效地管理意外事件来防止自身的惰性转变。

5.3.3.2 集体正念

1999年，美国组织理论家韦克（Karl Edward Weick），提出了要在高可靠性组织中建立"集体正念"（collective mindfulness）的观点。韦克之所以提出这个观点，是为了解决高可靠性组织自身存在的3个问题。

（1）高风险技术里的死穴。高风险技术涉及组件的紧密耦合和复杂交互，为提高系统的可靠性，需要增加冗余，而这导致了更加烦琐的耦合和交互。

（2）高可靠性组织的需求多样性。高可靠性组织表现出"既要……又要……也要……更要……"的需求。通俗地说，可靠性，是尽管情况不断变化，我们仍能保持我们的业绩；弹性，是我们从困难中反弹的能力；安全，是我们在工作时尽量防止和减少伤害；有效性，是我们能否达到我们的目标；高效，是说我们不会在达到目标的同时浪费资源。既然组织需求目标多样，那么就需要有一套针对不同生产过程的"稳定的"认知过程的程序，包括应对突发事件。但面对突发事件，走完一套标准程序，会使效率大打折扣。比如，1992年5月9日Westray煤矿爆炸导致26名矿工死亡之前，为完成工作任务，生产程序一直在"滚动"运行，而对瓦斯积聚的检测只是"零星"进行。

（3）解决办法需要考虑高可靠性组织的特点。高可靠性组织的特点是很鲜明的，即关注失败而不是成功（即做对了是不会受到表扬的，但做错了会被惩罚），关注惯性而不是变化，关注战术而不是战略，关注当前而不是未来，更关注弹性和预期目标。其中对于高风险技术来说，人们在生产作业时长时间处于安全状态，这个状态称为可靠状态或常规状态，但这种状态也进一步促进了惯性倾向的形式，而惯性倾向被认为会降低"适应"能力。高可靠性组织是作为一种能使组织变得更强大的手段而开发创造的，所以它需要在组织层面上有高可靠性所需的结构，在社会层面上有响应威胁的协作，以及在个人层面上在调节威胁响应时有解决问题的能力。

在高可靠性组织的3个问题中，第一个问题最根本。如何依靠高可靠性组织把"正常事故"的"正常"去掉。在高风险技术系统里，降低系统的复杂性、放松组件间的耦合。

对于复杂性，英文中有两个词可以表示，一个是complex，意思是系统的各个部件互相关联，而不是简单的连接；另一个是complicated，意思是看上去很麻烦很费劲，不容易理解。complex是绝对概念，就是描述这个系统内有各种正反馈、负反馈、一阶、二阶等回路；complicated是相对概念，你觉得麻烦、费劲、不容易理解的，别人不一定这样认为。那么面对绝对的complex，如何将其提升为complicated，成为降低人与技术交互复杂性的一个切入点。

对于耦合,在操作程序中嵌入一些过程或步骤,来缓解组件间的紧密依赖关系,如在"正常事故"里,让员工保持一种持续的"承认任何熟悉的事件都可能是不完全已知,且有足够新颖性"的心态。这种心态的预期目标是,员工能谨慎、积极、持续地重新审视和修订假设,而不是犹豫不决地执行。

5.3.3.3 正念组织

正念组织(mindful organising),是检测和纠正错误和意外事件的集体能力,是解决组织事故(organisational accident)的一个关键整合概念(McDonald et al.,2019)。正念组织使个人能够不断地与组织中的其他人互动,因为大家对所遇到的情况和行动能力达成了共识,所以形成的集体能力能支持检测和识别不安全的相关事件,预防可能的错误(Sutcliffe,2011)。正念组织更加强调定期沟通,因为畅通的沟通被视为建立信任和联合行动的推动力(Weick and Roberts,1993)。

个人对部分(他/她的贡献)和整体(他/她对形成更大整体的贡献)之间相互关系的理解形成了更大的共享行动模式(即社会资本的认知维度)(Sutcliffe et al.,2016)。当一系列行为是由对类似行为水平的共同看法触发时,就会存在正念组织。正念组织通过任务相互依赖,并在持续一段的时间内共同工作,同时,还可以通过提供与工作相关的持续互动机会来促进社会影响和社会学习的同质化效应。正念组织有3个基础特点(Vogus and Sutcliffe,2012)。

(1) 它是自下而上过程的产物。

(2) 它为超前的思考和行动提供了背景。

(3) 它相对脆弱,需要不断地重新完成。

调整工作组织和程序的能力被视为提高可靠性的重要推动因素。因此,正念组织应具备认识工作方式且必须适应当前条件的能力,而不是依赖预先定义的组织结构。

正念组织需要实现3个目标:在尊重基础上的互动,存有谨慎的相互关系,建立正念的基础设施(Weick,2015)。

集体通往正念的道路应坚持5项原则(Weick et al.,2006):其一,专注失败;其二,不愿简化解释;其三,保持操作敏感性;其四,对韧性的承诺;其五,结构不规范。这5项原则也被视为组织谨慎实践的基础,系统可在面对变化时保持系统弹性。

在正念组织中,最为重要的3个群体是高层管理人员、中层管理人员、一线员工(Vogus and Sutcliffe,2012)。有意识的组织需要跨组织层面运作,以产生战略和运营可靠性。组织正念应由高层管理人员创建,由中层管理人员跨层级同步,并转化为一线的正念组织行动。具体分工如表5-9所示。

表 5-9 正念组织中 3 个群体的工作重点

分类	主要内容
高层管理人员	负责组织中的战略问题,因此负责建立相关的组织正念,采用自上而下的方法,包括高层管理人员和整个组织为支持安全管理和改进而投入的资源和承诺
中层管理人员	中层管理人员是弥合组织正念和建立正念组织的参与者,由于高层管理人员对组织正念的感知(即高层管理人员对信息的持续扫描和当前操作的边缘)可能与一线(一线员工的正念组织)不一致,中层管理人员(如作为技术部门负责人)在连接组织的高层和一线方面发挥着至关重要的作用。作为"可靠性专业人员",在建立组织正念方面发挥着至关重要的作用。"管理信息""做出决定"和"影响他人"。这 3 种实践构成了中层管理人员在为安全作出贡献时完成工作所依赖的独特和特殊的能力
一线员工	一线员工在其任务环境中面临高度可变性和不确定性,需要识别新出现的微弱信号并采取行动,这可能需要识别和分析通常模糊的相互依赖性。这将提高流程和职业安全性、改善环境和健康及可靠性、提高生产力和商业绩效(正念组织)

5.3.4 弹性组织

5.3.4.1 弹性和安全

最初,弹性被定义为"组织(系统)维持或恢复动态稳定状态的内在能力,这使组织能够在发生重大事故后和/或出现异常情况时继续运营"(Hollnagel,2006)。这个定义反映了两种历史背景状态,一种是稳定运行,另一种是系统崩溃。遵循工业安全思想的传统,该定义仅考虑威胁、风险或压力的情况。事实上,多年来,弹性也被定义为"脆弱性的解药"。自 2006 年以来,弹性的定义变为,在不同条件下取得成功的能力,以便预期和可接受的结果的数量尽可能多。该定义扩大了弹性的范围,弹性不再只是从威胁和压力中恢复的能力,而是在各种条件下按需执行的能力。这意味着组织能够对干扰和"机会"做出适当的反应,其中的"机会",标志着从保护性安全到生产性安全的转变。安全不再是一种成本,而是一种投资。

最终,弹性与安全分离了。弹性与系统的性能有关,而不仅仅指如何使系统保持安全。提高弹性性能关乎工作而不是安全,弹性涉及如何应对复杂性,而不只是从故障中恢复。所以,弹性问题不仅包括如何明智地使用规则、对疲劳进行管理、从事件中学习、共享信息和经验、增强弹性绩效、自主作业,甚至包括如何提高人们处理可变情况的能力等。

5.3.4.2 弹性组织

风险和恢复力管理是密切相关的概念,但弹性管理更重要。风险管理涉及危险的系统记录和处理,弹性管理不是从现状来理解,而是从功能目标状态来理解的。这不是一个在事件发生后恢复成熟状态的问题,而是一个使"需要成为美德"并将当前状况转变为改进模式的问题。

心理韧性是指个人在面对压力生活事件时的韧性。"抗压能力""再生能力"和"适应性"这 3 个弹性维度发挥着核心作用。

组织韧性一直是组织科学中的一个讨论主题,被称为承受压力、确保或改善自己在所有逆境中的运作的能力。

丹麦弹性系统专家霍尔纳格尔从定性组织心理学的角度讨论了韧性思维,重点关注安全性(Hollnagel et al.,2008)。他认为,安全在传统上被理解为尽可能降低过程中偏离结果的数量,这种想法描述了"Safety-Ⅰ",意味着安全管理的目的是尽可能减少事故数量。作为一个概念。这意味着安全是指在不同条件下成功生存的能力,从而使预期和可接受的结果数量尽可能多。安全不是以错误率来衡量的,而是以对成功的贡献程度来衡量,并被理解为一种积极主动的想法。Safety-Ⅱ关注的是已完成的工作,而不是正式预期的绩效("想象中的工作")。Safety-Ⅰ涉及鲁棒性、减震性和稳定性等方面,Safety-Ⅱ涉及在实现安全增强目标的意义上主动支持社会过程和潜在系统功能等方面。霍尔纳格尔还定义了弹性组织的 4 种关键能力,即"学习""反应能力""监测/观察"和"预期",他认为必须对其加以考虑和平衡。

对于变化多样的弹性组织,2013 年,Whitman 等(2013)提出了一个综合概念,强调 3 个关键组成部分:"领导力和文化""变革意愿"和"网络"(图 5-6)。

2022 年初,德洛伊特发布了 2021 年全球弹性报告(*Building the Resilient Organization*),在报告里确定了弹性组织的 5 个特征。这些特征可以实现和促进灵活的战略、适应性文化及先进技术的实施和有效使用。能够使企业从意外挑战中恢复过来。

(1) 准备。大多数成功的企业都会做短期和长期的可能性计划。超过 85% 的企业成功地平衡了短期和长期优先事项,他们认为已经可以成功地应对意外事件(如新型冠状病毒感染),而没有这种平衡的组织中只有不到一半的人有同样的感觉。

(2) 适应。领导者认识到灵活性/适应性强的员工的重要性。目前,灵活性/适应性被认为是组织未来发展最关键的劳动力特征。

(3) 共同。企业指出了组织内部协作的重要性,它可以加快决策速度,降低风险,并实现更多的创新。事实上,消除孤岛效应和加强协作是企业在应对意外事件时采取的首要战略行动之一。

(4) 值得信赖。企业了解建立信任时需要面对的挑战。超过 1/3 的受访企业不相信他们的组织已经成功地在领导者和员工之间建立了信任。那些成功的人只专注于改善与关键利益相关者的沟通状况,并以同理心领导。

(5) 负责。87% 的受访企业表示,他们在平衡所有利益相关者的需求方面做得很好,他们也认为他们的组织可以迅速适应和调整以应对破坏性事件。

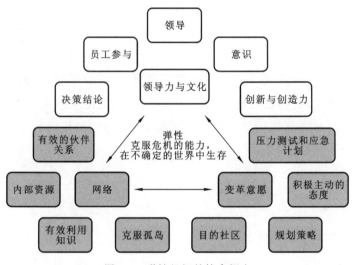

图 5-6 弹性组织的综合概念

5.3.5 STAMP 模型和 FRAM 模型

美国系统和软件安全专家莱维森提出了系统论事故模型和过程(system theoretic accident model and processes, STAMP)模型,使用功能抽象方法,对系统的结构进行建模,并描述相互关联的功能(Leveson,2004)。与其他事故分析方法相比,STAMP 的目的是确定强制安全操作的控制和反馈回路,然后确定哪些不能支持预防未来事故。为此,STAMP 利用了分层控制结构,这是一种解释社会技术系统调节的模型。分层控制结构分为两个模型,一个用于系统开发,另一个用于操作。约束限制了系统行为,以确保系统行为在安全边界内运行。约束既可以是现有的,如环境或财政约束,也可以是引入的约束,如规则、程序或对设备/技术的设计。它们代表对行为的控制,以限制组件之间相互作用的自由度(Dekker et al.,2015)。这些都是由高层的行动者强加给低层的行动者的。根据 STAMP,系统事故的发生不是因为故障,而是因为没有成功实施约束,将系统推向安全性能的边缘。莱维森提出,安全是系统的一种涌现性质,当系统的技术、物理和人类组成部分相互作用时就会产生安全(Leverson,2011)。系统由保持动态平衡的相互关联的组件组成,使用信息和控制的反馈回路及约束集可以加强系统行为的安全性。事故源于失控(如管理、组织、技术或工程),其中的相互作用突破了对维护安全的系统的约束。

丹麦弹性系统专家霍尔纳格尔,开发了功能共振分析模型(functional resonance analysis model,FRAM)(Hollnagel,2012),该模型不是针对系统行为的模型,而是一种识别和定义系统功能和可变性的模型,并确定在系统内可变性是如何以导致不利结果的方式相互作用的。霍尔纳格尔认为,变异是系统性的,而不是随机的,安全性是由不同形式的变异所支撑的(Hollnagel,2009)。FRAM可用于改进系统中的实践或调查不良事件,FRAM没有分层或抽象地解释系统,而是根据与整个系统相关的相互耦合或依赖的功能来解释系统,重点关注系统的功能。系统通过完成任务所需的功能以及这些功能中可能出现的变化来描述。通过理解系统执行的功能,可以在系统及其环境之间进行区分,从而确定系统边界。

第 6 章

安全行为——现实与愿景

> 道之为物,惟恍惟惚。
> 惚兮恍兮,其中有象;恍兮惚兮,其中有物。
> 窈兮冥兮,其中有精;其精甚真,其中有信。
> 自今及古,其名不去,以阅众甫。
> 吾何以知众甫之状哉?以此。
>
> ——老子(前 571—前 471)《道德经》

6.1 引 言

《三体》里有一个"农场主假说"的物理学定律:一个农场里有一群火鸡,农场主每天中午 11 点来给它们喂食,火鸡中的一名科学家一直在观察这个现象,在观察了近一年都没有例外后,它认为自己发现了火鸡宇宙中的一条伟大定律:"每天中午 11 点,就有食物降临"。于是,在感恩节的早晨,它向所有火鸡们公布了这条定律。结果,这天中午的 11 点,食物并没有降临,而农场主却把它们都捉去杀了当人类的食物了(刘慈欣,2008)。

反观我们自己,当我们一直以记录和学习事故的方式理解安全时,当在归纳推理过程中,记录了多次相同的案例后,我们能否百分之百保证下一个案例会产生与以往相同的结果?如果运用归纳思维不足以让我们了解事故,或支持我们所谓的知识积累得来的结论。我们怎么办呢?目前有 3 种看法很值得我们关注。

(1) 阿奎那(Thomas Aquinas)认为,由"感觉-经验"建构起来的知觉或印象,事实上还需要被赋予智性。智性最基本的贡献在于将通过感官获得的特殊相转换为普遍概念。

（2）抛开经验的局限性问题，可能只有数学能被称为知识了。康德和休谟都把理论知识限定为"数学"和"自然现象"。这也是当前我们把所有的自然现象都数字化的原因。

（3）当我们把某知识说成是"自然科学"时，不仅指这种自然科学知识是我们利用归纳法从经验中获得的，也意味着无论包含什么内容的假说，无论以何种方式得出的结论，都必须接受经验事实的检验。只不过这个事实可能很快就可以看到，也可能要经历数代人才能看到。

我们在获取知识时，主要有以下 5 个渠道。

第一，来自权威。我们获得的大部分知识都是权威提出的，因为我们没有时间质疑和独立研究我们通过权威获取的每一条知识。但是我们可以评估权威人物的资历，评估他们用来得出结论的方法，并评估他们是否有理由误导我们。

第二，来自直觉。我们依靠胆量、情绪和/或直觉来指导我们。直觉不是检查事实或理性思考，而是相信感觉真实的东西。依靠直觉的问题在于，我们的直觉可能是错误的，因为它们由认知和动机偏见驱动，而不是逻辑推理或科学证据。

第三，来自理性。使用逻辑和推理来获取新知识。使用这种方法陈述前提并遵循逻辑规则以得出合理的结论。使用这种方法的问题在于，如果前提或逻辑错误，那么结论将无效。除非接受过正式训练，否则很容易犯错误。然而，如果前提是正确的，并且适当地遵循了逻辑规则，那么这也是获取知识的合理手段。

第四，来自经验。通过观察和经验获取知识。我们能体验和观察的东西有限，我们的感官可能"欺骗"我们。此外，我们之前的经验可以改变我们感知事件的方式。然而，经验是科学方法的核心，科学依赖于观察。

第五，来自科学。系统地收集和评估证据以检验想法和回答问题的过程是否正确。在直觉、权威、理性、经验基础上更进一步，在各种受控条件下进行仔细观察，以检验想法，使用理性得出有效的结论。虽然科学方法是获取知识的所有方法中最可行的方法，但与其他获取知识的方法一样，它也有缺点。使用科学方法并不总是可行的，同时科学也不能用来回答所有问题。

基于以上认识，我们从生产安全事故中总结了安全行为在个体层面、群体层面、组织层面的特点和规律。但当我们立足眼下时，发现仍存在一个本质问题，即安全行为。

在经验和理论之间，我们对理论总是持有一种审视的、批判的态度。当遇到一种理论无法解释经验、现象时，不是采取鸵鸟政策将经验、现象置于自己的视野之外，而是对理论加以批判、修正。即对于理论与经验，更相信经验的强大有力，而将理论置于相对弱势的地位,使之具备应有的弹性,随时准备依据经验对理论加以修正。

我们可能更需要弱理论,主要用于反对抽象、强硬、僵直的理论,特别是来自西方的既有理论。将丰富多样、千变万化的经验与现象强制性地、削足适履地纳入其中,进而提倡一种可对话的、富有弹性的理论,体现对抽象、强硬、僵直理论学说的批判。弱理论,表明了一种注重经验与现象的学术趋向。

同时,当我们展望未来时,我们更需要注重视角。这主要表现在以下几方面。

其一,按照研究者的擅长展开。

对于生产安全事故,研究者感兴趣的部分首先是工程,其次是人为因素,最后是组织因素。即研究者把安全视为一个技术问题,随着研究的深入,人为因素被添加进来,再到现在直接关注管理的结构和功能。研究者更多地考虑安全科学的学科擅长点,他们从自己在该领域知识生产的经验出发,然后是心理学/工效学,最后是管理学/社会学。

其二,按照操作者的实际展开。

对于从生产安全事故中提取操作者贡献角度看,研究最早从技术开始,然后是组织因素,最后是人为因素。操作者是以实际的方式来进行思考(Hopkins,2006)。对于生产安全事故,操作者从历史中寻求解决方案,首先是技术解决方案,然后是安全管理系统修复(如用标准来提倡规范作业),最后是基于行为的安全解决方案(如安全文化建设)。

所以,当展望未来时,我们不得不顾及所选择的视角。但无论对安全行为或安全学理论总结得多么深刻,我们仍不得不面对"总是有发生事故的可能,它可能发生在任何一次任务中,可能是第一次任务执行,也可能是最后一次任务执行"的现实。因此,我们只能尽可能做好计划,组建训练有素的任务小组,然后开始执行任务。

在NASA任务控制中心,曾经担任阿波罗5号、7号、9号、11号、13号、15号和17号的飞行总监尤金·克兰兹 Eugene Kranz,在美国太空计划的许多里程碑事件中发挥了关键作用。他曾对飞行控制团队成员说过两个词"坚韧"和"称职"(tough and competent),并具体解释了这两个词。坚韧,指永远对所做过的,或者没能做到的事情负责,决不能因为妥协而削减的职责;称职,指永远不会把任何事情视为理所当然,永远不能在知识和技能上有短板,任务控制中心的每一项任务都要做到完美无缺。坚韧的品质通过危机或事故恢复能力和风险程度得到衡量,确保任务执行小组将尽一切努力与太空中的宇航员合作以取得成功。同时,个人和团队的技术能力至关重要。在模拟器中,飞行乘组成员模拟真实飞行,以便有一天他们能与训练时一样地飞行,而这就是称职(Kranz,2023)。

6.2 理　念

研究安全行为是为了抑制生产安全事故,从正向讲,即研究目的是提升对安全的认识。但有两个基于安全理念的问题首先需要明确。

第一个问题,安全在哪里?

一种看法是安全依存于客观事物本身。安全和不安全的等级序列已被设定。按照这种看法,在客观世界,似乎一边是安全的世界,另一边是不安全的世界。在两个世界的中间,存在着一条无法逾越的分界线。

另一种看法与上一种相反,认为安全是主观存在的。安全的存在与对象自身的存在方式无关,而被归于把对象作为安全事物把握、感受的主体的作用。安全被认为并非存在于安全事物中,而是依存于我们如何看待、感受的精神作用。安全不是仅仅片面地存在于一般所认为的安全事物中,而是存在于任何事物中,安全与不安全是中立的。由于我们的精神作用,事物才能成为安全的事物。

第二个问题,安全受什么驱使?

一种看法是自律性,安全的动力就在安全本身的内部,安全的价值由安全本身所决定,以自身为目的,无须到安全之外去寻找安全的动力、价值、目的,即自我规定自我。

另一种看法是他律性,指在安全之外的其他文化领域,如在宗教、道德等领域寻找安全的动力,规定安全存在价值的原理及安全为之服务的目的,即他者规定自我。

还有一种看法是泛律性,指原始文化形态中安全受人生活的整体性所支配。

当我们发现围绕同一个问题有不同声音时,并不是大家认知不同,只是因为大家选择相信不同的东西。一场科学革命不仅涉及理论的演替,还涉及看待世界的方式的转变以及评价理论的标准的变化。

6.2.1　稳定的——以人为基础

人类文明有一个根深蒂固的逻辑,即自然的是一种天生的、无须证明的合理状态、正当状态,是人们最基础的评价标准的来源之一。如亚里士多德说的一个国家有"自然政体",洛克(John Locke)说的人的"自然权利",哈耶克(Friedrich August von Hayek)说的"自发秩序"等。安全是人最自然的需求之一,人会主动寻求安全,让自己得以存活。所以,安全无论是在理论层面,还是在应用层面,都与稳定、幸福、底线等词汇搭配在一起。任何破坏安全的人,都会受到其他人的谴责。

"人为"与"自然"相对,比如"责任"这一词的内涵和外延都是人为设计出来的,就像"遗嘱"的效力。人都死了,大家还能按照他生前的意志来安排他死后的事情,还在遵守遗嘱,即所有人在大脑里存有一套对遗嘱的看法,这个看法是人为设计出来的,经过教育这个渠道入脑。同理,当人们说"履职尽责"时,是在说一套人们刻意设计出来的、人为的职责概念。所以,人们在现场作业,有时会跳过每天都填写安全检查表、安全打卡这些步骤,这并不表示人们不存在对安全的自然需求,而是对安全的人为设计的"反抗"。也就是说,所有人,包括安全管理人员和安全被管理人员,大家在人的自然状态层面对安全的认识达成了共识,但往往发生事故是因为大家在人的人为状态层面对安全的认识没有达成共识。然而大家并没有反省制度订立者和操作者共同的问题,而是偏颇于操作者单方面。即大家对安全的社会属性的反思不够全面,却对安全的自然属性保持了一贯的需求。

背负"自然"与"人为"的问题继续前行,我们就会发现在安全学发展的道路上,沿着人类的成长轨迹,不仅有一条克服自然的道路,还有一条适应自然的道路。

6.2.1.1 克服自然的安全道路:弗洛伊德和埃里克森+安全

弗洛伊德被称为现代心理学之父。他提出的性心理理论和其学生埃里克森(Erik H Erikson)提出的社会心理理论是两种著名的人格发展理论。两人都认识到无意识对发展的重要性。但弗洛伊德认为,人格是在一系列预定阶段中发展的;而埃里克森的理论则描述了社会经验对整个生命周期的影响。弗洛伊德和埃里克森观点的异同具体见表6-1(Armagan et al.,2014;Kar et al.,2015,Malott,2016)。

表6-1 弗洛伊德和埃里克森观点的异同

分段	弗洛伊德	埃里克森
第一阶段: 出生—1岁 (婴儿期)	口腔阶段。 在发育的这个阶段,孩子的主要快乐来源是用于吮吸、进食和品尝的口腔。 以喂养的重要性为中心	信任和不信任阶段。 孩子们学会信任或不信任他们的照顾者。 成年人提供的照顾决定了孩子是否对周围的世界产生信任感。没有得到充分和可靠照顾的儿童可能会对他人和世界产生不信任感。 关心看护人对孩子需求的反应
第二阶段: 1—3岁 (儿童期)	肛门阶段。 儿童通过控制膀胱和排便获得掌握感和能力。 在这个阶段取得成功的孩子会发展出能力和生产力。那些在这个阶段有问题的人可能会发展肛门固定(anal fixation,弗洛伊德人格理论术语)。作为成年人,他们可能过于有序或凌乱	自主与羞耻和怀疑阶段。 在这个阶段,孩子们变得更加灵活。他们通过控制饮食、如厕和说话等活动来发展自给自足的能力。 在这个阶段得到支持的孩子变得更加自信和独立。 在此阶段中,那些受到批评或被过度控制的孩子会怀疑自己

续表6-1

分段	弗洛伊德	埃里克森
第三阶段：3—6岁（学前班和小学早期）	性心理发展阶段。 在这个阶段，能量集中在生殖器上。孩子们开始意识到性别差异，这导致男孩体验俄狄浦斯情结，而女孩经历伊莱克特拉情结。 这个阶段结束时，他们开始认同他们的同性父母。 这个阶段更关注性的作用	主动与内疚阶段。 在这个阶段，孩子们开始更多地控制他们的环境。他们开始与其他孩子互动并发展他们的人际交往能力。 那些在这个阶段取得成功的人会建立一种目标感，而那些挣扎的人则留下了内疚感。 这个阶段更侧重儿童如何与父母和同龄人互动
第四阶段：7—11岁（童年和青春期之间的过渡期）	性的潜伏期。 在这个阶段，性的能量受到抑制，孩子们更专注于其他，如学校、朋友和爱好。 这个阶段对于发展社交技能和自信心很重要	勤奋进取与自卑阶段。 孩子们会继续培养独立性和能力感。 孩子们通过掌握新技能来培养能力感，如独立写作和阅读。 在这个阶段取得成功的孩子会对自己取得的成就感到自豪，而那些挣扎的孩子可能会认为自己无能
第五阶段：12—18岁（青春期）	生殖器阶段。 青少年开始探索浪漫关系。 这个阶段的目标是在生活的所有领域之间建立平衡感。 那些成功度过早期阶段的人现在很温暖，有爱心，并且适应得很好	身份与角色混淆阶段。 在这个阶段，青少年发展出个人身份和自我意识。在发展自我意识时探索不同的角色、态度和身份。 在适当的鼓励下，孩子们将带着强烈的自我意识和他们想要完成事情的意愿脱颖而出。 那些挣扎的人将继续对他们是谁以及他们在社会中的位置感到困惑
第六阶段：成年	人格在很大程度上是自童年早期形成后就一成不变的。 第五阶段持续整个成年期。 目标是在生活的所有领域之间建立平衡感	认为即使在老年时也能继续发展。 跨越成年期的3个额外阶段。 亲密与孤立：年轻人寻求浪漫的爱情和陪伴。 生成性与停滞性：中年人养育他人并为社会作出贡献。 正直与绝望：老年人反思自己的生活，带着成就感或苦涩感回顾

注：两人都强调了社会经验的重要性，并认识到童年在塑造成人人格方面所起的作用。

建立于弗洛伊德和埃里克森两位研究成果基础上的安全行为,表现出对"人都是会犯错误的"的共识,最典型的是"落实岗位安全责任"。《中华人民共和国安全生产法》(2021版)第4条规定,生产经营单位必须建立健全全员安全生产责任制。第22条规定,生产经营单位的全员安全生产责任制应当明确各岗位的责任人员、责任范围和考核标准等内容。第57条规定,从业人员在作业过程中,应当严格落实岗位安全责任,遵守本单位的安全生产规章制度和操作规程,服从管理,正确佩戴和使用劳动防护用品。因此,员工在作业过程中,应当根据自身岗位的性质、特点和具体工作内容,强化安全生产意识,提高安全生产技能,严格落实岗位安全责任,切实履行安全职责,做到安全生产工作"层层负责、人人有责、各负其责"。

6.2.1.2 适应自然的安全道路:孔子+安全

中华文化,博大精深。《大学》中的"八目",以修身为本,格物、致知、诚意、正心为修身之方,齐家、治国、平天下则是修身之结果。人这一生,都以先成人再做事为逻辑,先成为一个人,再成为一个从事专业的人。

例如,孔子在《论语·为政》中写道:"子曰:'吾十有五而志于学,三十而立,四十而不惑,五十而知天命,六十而耳顺,七十而从心所欲不逾矩。'"意思是,孔子说"我十五岁立志学习,三十岁时初步有了自己的学说主张,四十岁时对人生不再有困惑,五十岁时知道了天道运行规律,六十岁时能心平气和地听取别人的不同意见,到七十岁时即使随心所欲也不会逾越规矩"。这既是孔子讲的成德步骤,也是人生的历程,是孔子70岁以后,回顾自己一生后所得(爱新觉罗·毓鋆,2022)。

建立于孔子对人生总结基础上的安全行为,表现出了人这一生学习、反思的本能。在安全行为中,最典型的行为是不断的"安全生产教育和培训"。《安全生产法》(2021版)中第58条规定,从业人员应当接受安全生产教育和培训,掌握本职工作所需的安全生产知识,提高安全生产技能,增强事故预防和应急处理能力。所以,对员工进行安全培训,不仅是生产经营单位必须执行的,而且是从业人员应积极主动接受的。同时,对于安全的学习,从意识、知识、技能3个方面入手,不仅要注重思想基础,还要注重理论和实践。

目前及不远的将来,在应用安全学过程中,我们更需要工程师,即这个人必须掌握安全相关的技术、理论知识并拥有实践能力,还必须善于组织、沟通、协作。为生产保驾护航的安全工程师所具备的主要的技能包括知识、经验、直觉。

知识,体现在对安全工作的深刻理解。主要表现为在形成策略、考虑多种设计方案、分析系统、预测结果的过程中所使用的事实、科学原则、数学工具等。

经验,主要体现在解决安全问题的方法、程序、技术、法则等方面。

直觉,是一种本能,针对待解决的安全问题,使人们可以快速联想到一个可能的合理方法或答案。直觉不能代替认真的分析和细致的设计工作,但可以帮助我们在面对多种选择却没有明显答案时做出选择。依靠直觉我们可以判断什么能干,什么不能干,这就需要具备丰富的经验和知识。

由此可以看出,打造人的学习是实现安全目标的重要基础。

6.2.2 变化的——以技术为基础

安全与技术,有着两重关系。第一重关系是工业生产更新换代的技术和保障其生产的安全之间的关系;第二重关系是工业生产和保障其安全生产的更新换代的技术之间的关系。在安全行为中,无论是哪一重关系,都涉及人与技术的关系。

6.2.2.1 人与技术的关系

人类在进化过程中发展的两大成果是工具和语言符号系统。工具构成了人类活动的物质基础,语言符号是人们相互理解和创造思想观念的工具。现在的工具系统越来越复杂,精确度越来越高,使人类认识世界的广度和深度不断延伸。

美国著名技术哲学家和现象学家唐·伊德(Don Ihde)分析了4种类型的"人-技术"关系(伊德,2008)。

第一种是具身关系。在"人-世界"的关系中,技术扮演着中介角色。但人具身化了技术,人似乎与技术融为一体,构成一个整体。技术参与人对世界的感知就像人自身在体验着世界。技术或技术人工物抽身而去,成为不在场的事物。比如,我们戴眼镜看东西,如果眼镜很"合适",我们就几乎不会感到眼镜的存在。技术的透明度越高,具身的程度越高。

$$(人\text{-}技术) \rightarrow 世界$$

第二种是诠释关系。技术的中介作用以解释学的方式展现。技术把世界转化为类似可阅读的"文本",人对世界的感知是通过对技术或技术人工物的"阅读"来把握的。与具身关系不同,人与世界相互隔离,技术也不再与人融为一体,"人-技术"关系构成了一种解释与被解释关系,人对世界感知的程度依赖于技术对世界的转化程度。比如,我们借助挂在屋外的温度计来感知室外的温度。

$$人 \rightarrow (技术\text{-}世界)$$

第三种是它异关系。人与技术之间的关系也可以是一种相互作用的关系。技术将作为一个准它者影响人与世界的关系。就好像技术或技术人工物成为一种相对于人的对象性存在。随着计算机技术的不断发展,它异关系表现越来越明显。在人与机器人的互动过程中,人总是可以感受到自身的影子。人工智能研究就是为了让技术人工物具备人的特性。比如,自动取款机。

人→技术(-世界)

第四种是背景关系。在现实生活中,很多技术并不是成为关注的焦点,而是隐退到了背景的层面。人类生活虽然被众多技术包围,但是这些技术似乎退到了一边,成为人类经验的一部分,即成为环境的组成部分。比如,核潜艇、宇宙空间站。虽然在背景关系中,技术并不是焦点物,但技术仍然转化了人对世界的经验。

人→(-技术-世界)

6.2.2.2 人对安全需求满足的进阶

人类对安全的需求,是不断提高的。从 18 世纪 70 年代第一次工业革命开始,人们关注技术,到 20 世纪 20 年代杜邦在风险概念基础上建立安全管理,再到 20 世纪 90 年代国际核安全咨询组针对 1986 年的切尔诺贝利核电站事故提出"安全文化",再到 21 世纪美国组织理论家韦克提出在可靠性组织里建立"集体正念"(Weick,et al.,1999)……总结来说,安全学为人类提供安全满足经历了从技术到制度,再到文化,进而到理念的历程,具体如图 6-1 所示。在整个发展过程中,安全学提供的安全满足越来越具体,越来越关注人。研究方法也从实证性研究方法趋向于阐释性的研究方法。

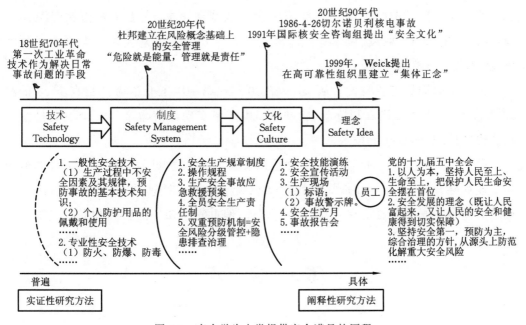

图 6-1 安全学为人类提供安全满足的历程

工业时代 3 个时期的安全特点具体如图 6-2 所示。

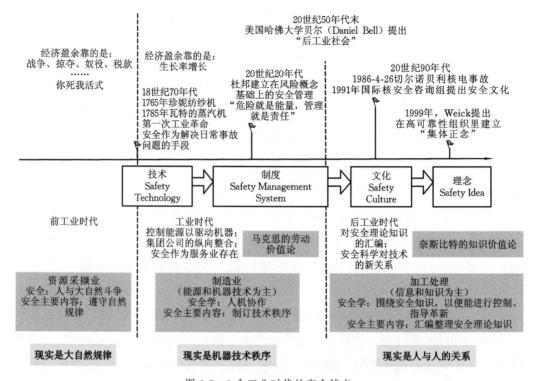

图 6-2　3 个工业时代的安全特点

第一个时期是前工业时代。在第一次工业革命之前，人类主要依靠资源采掘业，通过战争、掠夺、奴役、税款等实现经济盈余。安全主要是人在与大自然斗争中体现，涉及大自然的规律。

第二个时期是工业时代。从 16 世纪 70 年代第一次工业革命开始直至 20 世纪 50 年代末，人类主要依靠制造业，通过提高生产率实现经济盈余。安全主要是在人机协作中体现，偏重指定技术秩序。

第三个时期是后工业时代。主要是从美国哈佛大学贝尔（Daniel Bell）提出的后工业社会开始，人类主要依靠信息和知识为主的加工处理技术，通过知识决策实现经济盈余。安全主要是在人与人之间体现，偏重安全知识的整理和提炼规律。

6.3　规　范

安全学发展伴随着生产安全事故的频发，尤其是在 20 世纪八九十年代。1979 年发生的美国商业核电史上最大的核事故"三里岛核事故"，虽无人员伤亡但事故善后花费了 10 亿美元；1984 年印度博帕尔化工事故造成 2.5 万人直接死亡，随后的毒气蔓延使得 55 万人间接死亡,除此以外还有 20 万人伤残;1986 年发生的切尔诺贝利核电站事故导致 31 人因巨量辐射当场死亡,在 320 万受到超量辐射的人中,17 万人在十年内死亡;1986 年挑战者号航天飞机在发射 73 秒后解体,机上 7 名宇航员全部罹难;1987 年伦敦地铁国王十字站火灾造成 31 人死亡;1987 年埃克森瓦尔迪兹号邮轮发生漏油事故,原油泄出达 800 多万加仑,在海面上形成一条宽约 1 公里、长达 800 公里的漂油带;1988 年自由企业先驱号轮渡倾覆事故造成 184 人丧生;1988 年派珀阿尔法钻井平台爆炸事故造成 166 人丧生……快速的工业发展带来了生产安全事故,同时在降低和抑制生产安全事故的道路上出现了百家争鸣的景象,安全也显示其自身的特点。

在"人-机-环"系统发展过程中,一个里程碑式的事件是 1946 年,维纳出版了《控制论:或动物与机器的控制和通信的科学》(*Cybernetics or Control and Communication in the Animal and the Machine*)。该书全面阐述了一套自动化和人-机交互的理论,包括 3 个核心思想。

(1) 控制。控制论认为,机器和有机体(比如人)的目的都是控制它们所在的环境,控制不仅包括观察环境,还要掌握环境。从系统的视角看,我们通常用"熵"(entropy)来描述系统始终会趋于无序、不确定、退化等的状态倾向,而有机体(比如人)或机器能控制这种倾向,延缓其发生。

(2) 反馈。反馈描述了任何一种机器使用传感器接收实际性能信息而不是预期性能信息的能力。机器不是根据预先编好的程序运行,而是根据实时接收到的信息进行操作。

(3) 人与机器的紧密关系。飞机与飞行员、机器与工人等系统,实际都是人类操作员和复杂机器,及其所在的环境共同组建而成的。人和机器组成系统的目的都是控制熵增。

机器虽然不是生物,没有生物基因驱动的进化,但机器与机器之间也有明确的继承、发展、进化关系,只不过机器的进化必须有人的参与。有人参与的机器进化,并不一定表示机器的生存能力弱于人类。换个思路,这也许就是机器进化的一个策略,"借助"人来完成它的进化。同时,机器是人创造的,但人不能随心所欲地制造机器,必须符合各种工程学的规律。

从操作者角度看,"人-机-环"系统主要有 3 代。

(1) "人-机-环"系统 1.0:由人操控的机器。

第二次工业革命是大规模工厂、铁路与电气化技术发展的时代,这些技术要求大规模投资,要求具备高度理性化和动员能力的组织形态,要求工人们服从集中式的管理，严格按照自己岗位的操作规则进行生产活动。人要亲临现场，才能得到真实的、内行人才能获得的体验。

(2)"人-机-环"系统2.0：遥控的机器。

第三次工业革命，信息技术拓展了人类脑力，使人们能更快地完成已有工作。操作者集中在"监控室"里，通过有线和无线控制系统遥控机器。

(3)"人-机-环"系统3.0：自主机器。

第四次工业革命，智能化进一步促进了人类发展。自主机器，主要是指独立运行且不与有线或无线控制系统绑定的机器，是借助AI算法自主执行特定任务而无须人工交互的机器。自主机器是关于传感器、人工智能和分析功能增强的机器，可以基于数据做出决策并自主完成任务。

从"人-机-环"系统的发展入手，可以发现与之配套的安全也在发生变化。

(1)任务的变化。

任务分为常规任务和探险任务。之所以从系统的视角看待人、机器、环境，最为重要的原因是面向工作任务时可以有更高的完成率。那么在"人-机-环"系统中，安全也分为常规任务和探险任务。常规任务，是已在人们经验范围内有了充足的论证，可靠、可信、可预测，在此基础上的任务。把安全视为一张布，遇到破的地方（即发生生产安全事故）就打补丁，在打补丁的同时兼顾其与周围布的衔接。探险任务，是临界或超出人们经验的任务，如极端环境中的任务，挑战度高、代价大。想要完成这种任务，要更加注重智能化机器的使用，弱化人的临场感。

操作员通过不同方式与机器耦合，目的是增强任务的安全性。能否实现这个目的，取决于机器及为这些机器编写程序的程序员对人类角色的理解程度，以及操作员和自动化系统的合作方式。

(2)人的变化。

技术一旦发生变化，任务就会随之变化，同时工作人员的性质也会发生变化，如飞机、无人机、火星探测器分别对应的工作人员可能是驾驶飞机的飞行员、操控无人机的工程师、解读火星探测器的科学家。那么在1.0系统里常见的误操作、不安全行为等会转换成2.0系统和3.0系统里的人机界面识别错误、人-机交互错误等。

同时，当人从操作员转变为工程师、科学家时，会存在一个心理适应期。这主要是因为操作员这一身份，使得人不仅要对机器构成的物理世界负责，还要对同事、公司等之间形成的社会关系负责，大家都在想方设法地提升自己的技术水平，因此形成了很强的凝聚力。所以，机械方面的有限内容被传递到了更广泛、更有意义的人际圈里，它所服务的人类活动被视为有意义人生的一个组成部分。但当身份转变为工程师、科学家时,在任务执行过程中,人机信息交流过程只是通过鼠标、键盘、操作杆等完成,很难建立1.0系统里那种人与机器、人与人之间的良好关系。毕竟,鼠标的单击、双击很难与工匠精神联系在一起,工匠的手艺天生就要应用于现场特定环境中,所以,工匠的手艺不太可能出现在2.0系统和3.0系统里。2.0系统和3.0系统中出现的手艺被称为"技术"。

在1.0系统、2.0系统、3.0系统中,人类的决策、临场感、专业知识都发挥了作用,只是方式不同。而引起工作性质与完成工作的人发生某种变化的并不是机器本身,而是人与自动化机器构成的各种新颖组合。并且还有一个很显著的不同点,即人类是否亲身临场。在1.0系统中,人类是修理工、操作者,需要发挥能工巧匠的技艺;而在2.0系统、3.0系统中,人类是探索者,需要做出科学的判断。这也从一个方面说明,未来人更需要在某一领域里有长期驻留的经历。

机器是人类拓展自己体验的希望所在。但我们不能把所有希望都寄托在这些机器上,而是要透过机器看得更远,探索数据里蕴含的秘密,体验远程的临场感。借助手中的机器,获得全新的体验。

(3) 机器的变化。

从1.0系统到2.0系统再到3.0系统,机器是趋向智能化的。人类逐步发现,在他们所从事的领域中,某些由人完成的任务正在逐渐改由机器完成,并最终演变为机器制造者和编程人员的工作范畴。未来,人类的工作会更加依赖数字设备,所有系统都有一些独特要求和薄弱环节,如软件需要更新,软件本身可能会存在某些缺陷。操作员需要了解这些缺陷,熟悉各种故障的处理方式。这些设备让操作员融入了一个对于完成任务和保障安全来说有重要意义的网络,并为操作员提供了一种全新的操作体验。

未来的机器在发挥技能的同时,还应具备易于被人类合作者了解、预测、掌握其内部运行机制的特点。

(4) 组织的变化。

任务是否成功取决于任务执行小组是否能作为一个团队工作,并且相信每个成员都能尽其所能完成任务。团队中的每个人都必须确保他们积极参与团队活动。个人能力与团队合作同样重要,虽然前者为后者创造了基础,但成功的关键常常是团队合作。

组织会更加灵活,这是一种在快速变化、形势不明朗的环境中,通过快速反应、适应环境、改变自身来获得成功的能力。组织会更加在意人与人之间的"信任"。人类生存的基础建立在信任所有人的个人能力、有效沟通、应对不可预见情况的能力之上。成功取决于个人的和组织的判断、技能、知识。其中,建立和巩固信任最重要的方式,是沟通。

沟通失败会立即破坏信任。有效、自信的沟通是一种必须在个人身上培养并被组织重视的技能。组织文化是建立在共同的价值观、态度、目标和实践的基础上的,这些因素都体现了工作方式的特点。将有效的沟通方式融入这些组织价值观,是维持组织变革的重要因素。沟通要清晰明了,决策判断要遵守章程。

行事方式决定了我们在关键时刻是否安全。安全不应该只是简单的口号,而应该是一种组织习惯。人们不仅要具备能力,也要保持谦逊,这样才能知道自己可能会犯错,并确保自己不犯错。驱使团队走向完美的是每个人健康的自我怀疑。

(5)事故调查的变化。

保持警惕性是保证安全的代价。任何时刻都不能放松警惕。事故调查人员必须对每个方面都进行仔细调查,寻找可能导致事故的一切因素,包括审查测试的准备过程、设备的设计和制造过程、导致事故的物理因素、与事故有关的决策过程。1.0 系统、2.0 系统、3.0 系统越来越要求高度集中注意力,集中注意力的能力与安全和任务的成功密不可分,而疲劳会使集中注意力的能力下降。同时,要鼓励团队成员发现安全问题,并畅所欲言地发表意见,使任务的实施状况得到改善。如果组织不能对决策记录、经验教训和总结进行有效的保存、阅读和交流,将会为未来的失败埋下伏笔,所以要从历史中吸取教训,避免重复做无效的事情。

综上所述,通过 1.0 系统、2.0 系统、3.0 系统这 3 种模式反馈机制和相互补充,正在共同演化。未来的生产是一项以能力为基础的团队活动。21 世纪,机器技术面对的挑战是如何将机器融入人类系统和社会系统,以及如何处理人-机之间的关系。同时,未来的生产越来越多地表现出利用许多不可靠的元件组合成一个非常可靠的系统的特点,而这又会带来安全视角的重新精准定位。

6.4 未　来

无论未来你从事哪个行业,技术的发展和增强将是一个很重要的部分。具体到安全和健康行业,技术在确保实现目标、捕获数据以及保持记录和日志更新方面一直发挥着重要作用。在未来,更多的技术将分层到工作场所,以帮助预防事故。主要涉及 3 个安全技术领域。

1. 数据采集和分析

虽然捕获数据以增强洞察力对行业来说并不新鲜,但捕获大量高质量数据、分析数据并预测设施改进空间的能力在未来至关重要。由于高产量成为维持全球消费者日常生活的必要条件,因而实时了解快速变化的环境和相关风险有助于减少职业伤害和死亡。

随着人工智能和机器学习的引入,来自视频传送、智能计量、遥感测量、个人监控设备和智能手机等的大量数据,将以普通操作者无法理解的速度被处理。这些设备可以帮助安全管理者更好地预测、识别和纠正问题,以免导致生产安全事故。

2. 可穿戴设备

未来,员工以各种方式与安全管理者进行数字连接将是司空见惯的。比如,户外工作者可以通过设备监测心率和体温,该设备可以在中暑发生之前报告症状,同时在需要紧急服务时报告该员工的确切位置。内置智能技术的个人防护设备将会被普遍应用。如利用安全帽可以实现快速通信,嵌入智能技术的防护服可以监控工人周围的环境。

3. 机器人

安全是分控制等级的,首先要求安全专业人员尽其所能消除危害,以降低受伤和患疾病的风险。消除危害的常用方法是把"人-机-环"系统1.0进阶到2.0或3.0,提高自动化水平,从而降低员工受伤的可能性。人类带入作业空间的技术越多,技术需要的安全培训和安全监督就越多。

总之,未来的安全需要今日安全所保护的人类去创造。

主要参考文献

爱新觉罗·毓鋆,2022.毓老师说论语[M].石家庄:花山文艺出版社.

巴斯,2015.进化心理学[M].张勇,蒋柯,译.北京:商务印书馆.

陈宝智,2002.安全原理:第2版[M].北京:冶金工业出版社.

陈红,祁慧,谭慧,2005.中国煤矿重大瓦斯爆炸事故中的人因及度量[J].科技导报,23(10):41-44.

陈善广,姜国华,陈欣,等,2016a.人-系统整合设计流程[M].北京:中国宇航出版社.

陈善广,姜国华,陈欣,等,2016b.航天系统适人性要求与人因工程活动[M].北京:中国宇航出版社.

程琛,张骉,徐阿猛,等,2014.高温作业环境中人的不安全行为实验研究[J].华北科技学院学报,11(9):79-82.

戴维斯,1997.原子中的幽灵[M].易心洁,译.长沙:湖南科学技术出版社.

道金斯,2012.自私的基因[M].卢允中,张岱云,陈复加,等译.北京:中信出版社.

高佳,黄祥瑞,沈祖培,1999.人的可靠性分析:历史、需求和进展[J].中南工学院学报,13(12):13-27.

哈福德,2018.混乱:如何成为失控时代的掌控者[M].侯奕茜,译.北京:中信出版社.

海森堡,1981.物理学与哲学[M].范岱年,译.北京:商务印书馆.

河本英夫,2016.第三代系统论:自生系统论[M].郭连友,译.北京:中央编译出版社.

金佳,2014.基于脑电信号分析的激励理论中内在与外在动机的机理研究[D].杭州:浙江大学.

克里斯塔斯基,富勒,2013.大连接:社会网络是如何形成的以及对人类现实行为的影响[M].简学,译.北京:中国人民大学出版社.

莱文森,2015.基于系统思维构筑安全系统[M].唐涛,牛儒,译.北京:国防工业出版社.

李杰,陈伟炯,2017.海因里希安全理论的学术影响分析[J].中国安全科学学报,

27(9):1-7.

刘慈欣,2008.三体[M].重庆:重庆出版社.

刘轶松,2005.安全管理中人的不安全行为的探讨[J].西部探矿工程,17(6):226-228.

龙勃罗梭,2011.犯罪人论[M].黄风,译.北京:北京大学出版社.

罗宾斯,贾奇,2011.组织行为学精要[M].郑晓明,译.北京:机械工业出版社.

罗晓,张瑞艳,2015.基于安全培训观察程序(STOP)的安全行为观察内容探讨[J].中国建材科技,24(1):173-174.

迈尔-舍恩伯格,库克耶,2013.大数据时代:生活、工作与思维的大变革[M].盛杨燕,周涛,译.杭州:浙江人民出版社.

梅多斯,2016.系统思考[M].邱昭良,译.台北:经济新潮社.

苗启明,1990.优化:宇宙中的高级发展方式——对演化、进化、优化的哲学思考[J].南京社会科学(1):15-20.

普罗克特,范赞特,2020.简单与复杂系统的人为因素[M].揭裕文,郑弋源,傅山,译.上海:上海交通大学出版社.

任玉辉,2014.煤矿员工不安全行为影响因素分析及预控研究[D].北京:中国矿业大学(北京).

三隅二不二,丸山康则,正天亘,1993.事故预访心理学[M].金会庆,何存道,田培明,译.上海:上海交通大学出版社.

舒斯特,2019.11堂极简系统思维课[M].李江艳,译.北京:中国青年出版社.

斯坦顿,萨尔蒙,拉弗蒂,等,2017.人因工程学研究方法:工程与设计实用指南[M].罗晓利,陈德贤,陈勇刚,译.重庆:西南师范大学出版社.

孙淑英,2008.家具企业实木机加工作业安全行为研究[D].南京:南京林业大学.

塔勒布,2009.黑天鹅:如何应对不可预知的未来[M].万丹,译.北京:中信出版社.

谭波,吴超,2011.2000—2010年安全行为学研究进展及其分析[J].中国安全科学学报,21(12):17-26.

王成华,2015.基于行为安全观察的安全管理模式研究[D].天津:天津大学.

王东升,曹磊,1995.混沌:分形及其应用[M].合肥:中国科学技术大学出版社.

王黎静,王彦龙,2015.人的可靠性分析:人因差错风险评估与控制[M].北京:航空工业出版社.

王璐,2017.基于脑电实验的情绪对矿工冒险行为影响研究[D].西安:西安科技大学.

王胤,2017.本质与境况:阿伦特"积极生活"现象学的阐释[M].北京:人民出版社.

威尔逊,2021.社会生物学:个体、群体和社会的行为原理与联系[M].毛盛贤,孙港波,刘晓君,等译.北京:北京联合出版公司.

乌力吉,2016.基于生理实验的疲劳与矿工不安全行为关系研究[D].西安:西安科技大学.

吴玉华,2009.矿井作业人员不安全行为特征规律分析[J].煤矿安全,40(12):124-128.

西蒙,2022.认知:人行为背后的思维与智能[M].荆其诚,张厚粲,译.北京:中国人民大学出版社.

叶龙,李森,2005.安全行为学[M].北京:清华大学出版社.

伊德,2008.让事物"说话"——后现象学与技术科学[M].韩连庆,译.北京:北京大学出版社.

雍端生,2014.高可靠性组织的理论与实践[M].武汉:华中科技大学出版社.

于广涛,王二平,李永娟,2004.复杂社会技术系统安全绩效评定的新进展[J].人类工效学,10(2):32-34.

于华,2017.基于脑电技术的非常规突发事件下个体应急决策偏好研究[D].秦皇岛:燕山大学.

张力,2006.概率安全评价中人因可靠性分析技术[M].北京:原子能出版社.

中国宝武钢铁集团有限公司,2022.2021中国宝武钢铁集团有限公司社会责任报告[R].上海:中国宝武钢铁集团有限公司.

周刚,程卫民,诸葛福民,等,2008.人因失误与人不安全行为相关原理的分析与探讨[J].中国安全科学学报,18(3):10-14+176.

HEY T,TANSLEY S,TOLLE K,et al,.2012.第四范式:数据密集型科学发现[M].潘教峰,张晓林,等译.北京:科学出版社.

ALEXANDER H M,1992.Error types and related error detection process in the aviation domain[D].Urban-Champaign:University of Illinois.

ANDERSON J R,BOTHELL D,BYRNE M,et al.,2004.An integrated theory of the mind[J].Psychological Review,111(4):1036.

ARGYRIS C,SCHON D A,1996.Organizational learning Ⅱ:theory,method and practice[M].Amsterdam:Addison-Wesley.

ARMAGAN A,SILAY M S,KARATAG T,et al.,2014.Circumcision during the phallic period:does it affect the psychosexual functions in adulthood?[J].

Andrologia,46(3):254-257.

ASCH S E,1987.Social psychology[M].Oxford:Oxford University Press.

ATKINSON J W,LITWIN G H,1960.Achievement motive and test anxiety conceived as motive to approach success and motive to avoid failure[J].Journal of Abnormal & Social Psychology,60(1):52-63.

AVEN T,2022,A risk science perspective on the discussion concerning Safety Ⅰ,Safety Ⅱ and Safety Ⅲ[J].Reliability Engineering and System Safety,217(1):108077.

BATSON C D,BOLEN M H,CROSS J A,et al.,1986.Where is the altruism in the altruistic personality? [J].Journal of Personality and Social Psychology,50(1):212-220.

BAYSARI M T,MCLNTOSH A S,WILSON J R,2008.Understanding the human factors contribution to railway accidents and incidents in Australia[J]. Accident Analysis and Prevention,40(5):1750-1757.

BENN J,KOUTANTJI M,WALLACE L M,et al.,2009.Feedback from incident reporting:information and action to improve patient safety[J].Quality & Safety,18(1):11-21.

BHANDARI S,HALLOWELL M R,2022.Influence of safety climate on risk tolerance and risk-taking behavior:a cross-cultural examination[J].Safety Science,146(2):105559.

BIEDER C,2021.Safety science:a situated science:an exploration through the lens of safety management systems[J].Safety Science,135(3):105063.

BLAKE J A,1978.Death by hand grenade:altruistic suicide in combat[J]. Suicide and Life-Threatening Behavior,8(1):46-59.

BREHMER B,1992.Dynamic decision making:human control of complex systems[J].Acta Psychologica,81(3):211-241.

BROOKS T,2012.Punishment:a critical introduction[M].New York: Routledge.

CASEY A,2005.Enhancing individual and organizational learning:a sociological model[J].Management Iearning,36(2):131-147.

CHEN J -C,YU V F,2018.Relationship between human error intervention strategies and unsafe acts:the role of strategy implement ability[J].Journal of Air Transport Management,69(6):112-122.

CHOUDHRY R M,2014.Behavior-based safety on construction sites:a case study[J].Accident Analysis and Prevention,70(9):14-23.

CHOUDHRY R M,FANG D,MOHAMED S,2007.The nature of safety culture:a survey of the state-of-the-art[J].Safety Science,45(10):993-1012.

COOKE D L,ROHLEDER T R,2006.Learning from incidents:from normal accidents to high reliability[J].System Dynamics Review,22(3):213-239.

DARLEY J M,LATANE B,1968.Bystander intervention in emergencies:diffusion of responsibility[J].Journal of Personality and Social Psychology,8(4):377-383.

DE PASQUALE J P,GELLER E S,1999.Critical success factors for behavior-based safety: a study of 20 industry-wide applications[J]. Journal of Safety Research,30(4):237-249.

DEKKER S W A,2003.When human error becomes a crime[J]. Human Factors and Aerospace Safety,3(1):83-92.

DEKKER S W A,LEVESON N G,2015.The systems approach to medicine:controversy and misconceptions[J].BMJ Quality & Safety,24(1):7-9.

DEKKER S,2012. Just culture: balancing safety and accountability[M]. London:ORC Press.

DEKKER S,2019.Foundations of safety science:a century of understanding accidents and disasters[M].London:CRC Press.

DHILLON B S,2007.Human reliability and error in transportation systems[M].Berlin:Springer.

EASTMAN C,1910.Work-accidents and the law[M].New York:Russell Sage Foundation Publication.

EVANS J S B T,1989.Bias in human reasoning:causes and consequences[M].Mahwah:Lawrence Erlbaum Associates,Inc.

FERNÁNDEZ-MUÑIZ B,MONTES-PEÓN J M,VÁZQUEZ-ORDÁS C J,2007.Safety culture:analysis of the causal relationships between its key dimensions[J].Journal of Safety Research,38(6):627-641.

GALLOWAY S M,2015a.Unsafe,at-Risk,safe behaviors:know the difference[EB/OL].[2024-05-07]. https://proactsafety.com/articles/unsafe-at-risk-safe-behaviors-know-the-difference.

GALLOWAY S M,2015b.What it takes to make behavior-based safety work

[J].Occupational Health & Safety,84(9):109.

GELLER E S,1994.Ten principles for achieving a total safety culture[J].Professional Safety,39(9):18-24.

GELLER E S,1996.The psychology of safety:how to improve behaviors and attitudes on the job[M].Chilton:Chilton Book Company.

GELLER E S,2001.Behavior-based Safety in industry:realizing the large-scale potential of psychology to promote human welfare[J].Applied and Preventive Psychology,10(2):87-105.

GELLER E S,2002.The challenge of increasing pro-environment behavior[M]//Handbook of Environmental Psychology.New York:Wiley.

GELLER E S,2005.Behavior-based safety and occupational risk management[J].Behavior Modification,29(3):539-561.

GORDON R,KIRWAN B,2004.Developing a safety culture in a research and development environment:air traffic management domain[M]//Human factors in design,safety,and management.Maastricht:Shaker Publishing.

GRIFFIN M,2002.Safety climate and safety behaviour[J].Australian Journal of Management,27(1_suppl):67-75.

HALE A R,GULDEN MUND F,BELLAMY L J,1999.I-Risk:development of an integrated technical and management risk control and monitoring methodology for managing and quantifying on-site and off-site risks[R].EU Contract number ENVA CT96-0243.

HALE A,BORYS D,ADAMS M,2015.Safety regulation:the lessons of workplace safety rule management for managing the regulatory burden[J].Safety Science,71(1):112-122.

HANNAN M T,FREEMAN J,1984.Structural inertia and organizational change[J].American Sociological Review,49(2):149-164.

HARRIS D,LI W C,2011.An extension of the human factors analysis and classification system for use in open systems[J].Theoretical Issues in Ergonomics Science,12(2):108-128.

HAWKINS F H,1993.Human factors in flight[M].2nd Ed.London:Routledge.

HEIMANN C F,1997.Acceptable risks:politics,policy,and risky technologies[M].Ann Arbor:University of Michigan Press.

HEINRICH H W, PETERSEN D, ROOS N R, 1980. Industrial accident prevention: a safety management approach[M]. New York: McGraw-Hill.

HELMREICH R L, 2000. On error management: lessons from aviation[J]. BMJ, 320(7237): 781-783.

HENDRICKS J W, PERES S C, 2021. Beyond human error: an empirical study of the safety Model 1 and Model 2 approaches for predicting workers' behaviors and outcomes with procedures[J]. Safety Science, 134(2): 105016.

HOLLNAGEL E, 2006. Resilience: the challenge of the unstable[M]. London: CRC Press.

HOLLNAGEL E, 2009. The ETTO principle: efficiency-thoroughness trade-off: why things that go right sometimes go wrong[M]. Farnham: Ashgate Publishing Ltd.

HOLLNAGEL E, 2012. FRAM: the functional resonance analysis method: modelling complex socio-technical systems[M]. Farnham: Ashgate Publishing Ltd.

HOLLNAGEL E, 2014. Safety-I and safety-II: the past and future of safety management[M]. London: CRC-Press.

HOLLNAGEL E, 2017. Safety-II in practice: developing the resilience potentials[M]. London: Routledge.

HOLLNAGEL E, NEMETH C P, DEKKER S W A, 2008. Resilience engineering perspectives, volume 1: remaining sensitive to the possibility of failure[M]. Farnham: Ashgate Publishing.

HOLLNAGEL E, WOODS D D, 1983. Cognitive systems engineering: new wine in new bottles[J]. International Journal of Man-Machine Studies, 18(6): 583-600.

HOLLNAGEL E, WOODS D D, LEVESON N, 2007. Resilience engineering: concepts and precepts[M]. Farnham: Ashgate Publishing Ltd.

HOPKINS A, 2006. Studying organisational cultures and their effects on safety[J]. Safety Science, 44(10): 875-889.

HOPKINS A, 2017. Disastrous decisions: the human and organisational causes of the gulf of mexico blowout[M]. Sydney: CCH.

HOWARD L, BRUCE F, 2010. Linking production to safety: boosting productive performance through behavior-based safety[J]. Giornale Italiano Di Medicina Del Lavoro Ed Ergonomia, 32(1 Suppl A): A24-7.

International Advisory Committee,1991.The international chernobyl project[M].Vienna:IAEA.

ISAAC A,SHORROCK S T,KENNEDY R et al.,2002.Technical review of human performance models and taxonomies of human error in ATM(HERA)[R].Brussels:European Air Traffic Management Programme.

JOHNSON B,2022.Metacognition for artificial intelligence system safety—an approach to safe and desired behavior[J].Safety Science,151(7):106743.

JU C J,2020.Work motivation of safety professionals:a person-centred approach[J].Safety Science,127(7):104697.

KAR S K,CHOUDHURY A,SINGH A P,2015.Understanding normal development of adolescent sexuality:a bumpy ride[J].Journal of Human Reproductive Sciences,8(2):70-74.

KARIUKI S G,LöWE K,2007.Integrating human factors into process hazard analysis[J].Reliability Engineering and System Safety,92(12):1764-1773.

KIERAS D E,MEYER D E,1997.An overview of the EPIC architecture for cognition and performance with application to human-computer interaction[J].Human-Computer Interaction,12(4):391-438.

KIRWAN B,1998.Human error identification techniques for risk assessment of high risk systems[J].Applied Ergonomics,29(3):157-177.

KLOCKNER K,2015.Human factors in rail regulation:modelling a theory of non-linear rail accident and incident networks using the contributing factors framework[D].Queensland:Central Queensland University.

KNOBLICH G THORNTON I,GROSJEAN M,et al.,2006.Human body perception from the inside out[M].New York:Oxford University Press.

KOHN L T,CORRIGAN J M,DONALDSON M S,2000.To err is human:building a safer health system[M].Washington DC:National Academy Press.

KONTOGIANNIS T,2012.Modeling patterns of breakdown(or archetypes)of human and organizational processes in accidents using system dynamics[J].Safety Science,50(4):931-944.

KRANZ E F,2023.Tough and competent:leadership and team chemistry[M].Columbus:Gatekeeper Press.

LA PORTE T R,2001.Fiabilité et légitimité soutenable[M]//Organiser la fiabilité.Paris:Editions L'Harmattan.

LALLY P,VONJAARSVELD C H M,POTTS H W W,et al.,2010.How are habits formed:modelling habit formation in the real world[J].European Journal of Social Psychology,40(6):998-1009.

LAWTON R,WARD N J,2005.A systems analysis of the Ladbroke Grove rail crash[J].Accident Analysis & Prevention,37(2):235-244.

LEHMAN J F,LAIRD J,ROSENBLOOM P,1996.A gentle introduction to Soar, an architecture for human cognition[M]//STERNBERG S, SCARBOROUGH S. Invitation to Cognitive Science. Cambridge:MIT Press.

LEVESON N G,2011.Applying systems thinking to analyze and learn from events[J].Safety Science,49(1):55-64.

LEVESON N G,2016.Engineering a safer world:systems thinking applied to safety[M].Cambridge:MIT Press.

LEVESON N,2004.A new accident model for engineering safer systems[J]. Safety Science,42(4):237-270.

LEVESON N,2020.Safety Ⅲ:a systems approach to safety and resilience[J]. MIT Engineeving Systems Lab(7):2021.

LI H, LU M J, Hsu S C, et al., 2015. Proactive behavior-based safety management for construction safety improvement[J]. Safety Science, 75(6): 107-117.

MAGER R F,PIPE P,1997.Analyzing performance problems or you really oughta wanna:how to figure out why people arent doing what they should be and what to do about it[M].Atlanta:Center for Effective Performance.

MALOTT R W,1993.A theory of rule-governed behavior and organizational behavior management[J].Journal of Organizational Behavior Management,12(2): 45-65.

MARAIS K, SALEH J H, LEVESON N G, 2006. Archetypes for organizational safety[J].Safety Science,44(7):565-582.

MARTINETTI A, ILIDOU M M, MAIDA L, et al., 2019. Safety Ⅰ-Ⅱ, resilience and antifragility engineering:a debate explained through an accident occurring on a mobile elevating work platform[J]. International Journal of Occupational Safety and Ergonomics,25(1):66-75.

MCDONALD N, CALLARI T C, BARANZINI D, et al., 2019. A mindful governance model for ultra-safe organisations[J].Safety Science,120(12):753-763.

MCSWEEN T E,1995.The values-based safety process:improving your safety culture with a behavioral approach[M].New York:A John Wiley & Sons,Inc.

MILLETT B,1998.Understanding organisations:the dominance of systems theory[J].International Journal of Organisational Behaviour,1(1):1-12.

MOORE R,2013.Making common sense common practice,fourth edition: models for operational excellence[M].Blair:Reliabilityweb.com Press.

MURATA A,2021.Cultural aspects as a root cause of organizational failure in risk and crisis management in the Fukushima Daiichi disaster[J].Safety Science, 135(3):105091.

NAVEENAN R V,KUMAR B R,2018.Impact of group dynamics on team[J]. American International Journal of Social Science Research,2(2):16-23.

NELSON W R,HANEY L N,OSTROM L T,et al.,1998.Structured methods for identifying and correcting potential human errors in space operations[J].Acta Astronautica,43(3-6):211-222.

NORMAN D A,1981.Categorization of action slips[J].Psychological Review, 88(1):1.

NORMAN D A,BOBROW D G,1978.On data-limited and resource-limited processing[J].Cognitive Psychology(7):44-60.

O'HARE D,2000.The 'wheel of misfortune':a taxonomic approach to human factors in accident investigation and analysis in aviation and other complex systems [J].Ergonomics,43(12):2001-2019.

O'HARE D,WIGGINS M,BATT R,et al.,1994.Cognitive failure analysis for aircraft accident investigation[J].Ergonomics,37(11):1855-1869.

PARASURAMAN R,SHERIDAN T B,WICKENS C D,2000.A model for types and levels of human interaction with automation[J].IEEE Transactions on systems,man,and cybernetics-Part A:Systems and Humans,30(3):286-297.

PARKER D,LAWRIE M,HUDSON P,2005.A framework for understanding the development of organisational safety culture[J].Safety Science,44(6):551-562.

PATTERSON J M,SHAPPELL S A,2010.Operator error and system deficiencies:analysis of 508 mining incidents and accidents from Queensland, Australia using HFACS[J].Accident Analysis & Prevention,42(4):1379-1385.

PERROW C,1984.Normal accidents:living with high risk technologies[M]. Princeton:Princeton Umversity Press.

PERRY D G, 1980. Altruism, socialization, and society[M]. Upper Saddle River: Prentice-Hall.

PIDGEON N, O'LEARY M, 2000. Man-made disasters: why technology and organizations(sometimes) fail[J]. Safety Science, 34(1):15-30.

PILLAY M, 2014a. Progressing zero harm: a review of theory and applications for advancing health and safety management in construction[C]//CIB W099 International Conference on Achieving Sustainable Construction Health and Safety, June 2, Lund, Sweden. Lund: Sweden Ingvar Kamprad Design Centre (IKDC).

PILLAY M, 2014b. Taking stock of zero harm: a review of contemporary health and safety management in construction[C]//CIB WO99 International Conference on Achieving Sustainable Construction Health and Safety, June 2, Lund, Sweden. Lund: Sweden Ingvar Kamprad Design Centre(IKDC).

PILLAY M, 2015. Accident causation, prevention and safety management: a Review of the state-of-the-art[J]. Procedia Manufacturing(3):1838-1845.

RASMUSSEN J, 1983a. Human errors in process control[R]. Copenhagen: DTU.

RASMUSSEN J, 1983b. Skills, rules, and knowledge; signals, signs, and symbols, and other distinctions in human performance models[J]. IEEE Transactions on Systems, Man, and Cybernetics, 13(3):257-266.

RASMUSSEN J, 1990. Human error and the problem of causality in analysis of accidents[J]. Philosophical Transactions of the Royal Society of London, 327(1241):449-462.

RASMUSSEN J, 1997. Risk management in a dynamic society: a modelling problem[J]. Safety Science, 27(2-3):183-213.

RASMUSSEN J, JENSEN A, 1974. Mental procedures in real-life tasks: a case study of electronic trouble shooting[J]. Ergonomics, 17(3):293-307.

REASON J, 1990. Human error[M]. Cambridge: Cambridge University Press.

REASON J, 1997. Managing the risks of organizational accidents[M]. London: Routledge.

REASON J, 2000. Human error: models and management[J]. BMJ, 320(7237):768-770.

REIMAN T, ROLLENHAGEN C, PIETIKÄINEN E, et al., 2015. Principles of adaptive management in complex safety-critical organizations[J]. Safety Science, 71

(1):80-92.

REN J,JENKINSON I,WANG J,et al.,2008.A methodology to model causal relationships on offshore safety assessment focusing on human and organizational factors[J].Journal of Safety Research,39(1):87-100.

RICHMOND B,1993.Systems thinking:critical thinking skills for the 1990s and beyond[J].System Dynamics Review,9(2):113-133.

ROBERTS K H,DESAI V M,2004.Regulators and regulatees:a system perspective on high reliability organisational performance[M]//Seminar on the relationship between regulators and regulatees.Paris:Universite' de technologie de Compiègne.

SALKOVSKIS P M,1997.Frontiers of cognitive therapy[M].New York:Guilford Press.

SALMON P M,HULME A,WALKER G H,et al.,2020.The big picture on accident causation:a review,synthesis and meta-analysis of AcciMap studies[J].Safety Science,126(6):104650.

SALMON P M,REGAN M A,JOHNSTON I,2005.Human error and road transport:phase one—a framework for an error tolerant road transport system[R].Australia:Monash University Accident Research Center.

SAURIN T A,RIGHI A,HENRIQSON É,2014.Characteristics of complex socio-technical systems and guidelines for their management:the role of resilience [C]//Sophia Antipolic:Resilience Engineering Association. 5th Resilience Engineering Association Symposium,June 25-27,2013 Soesterberg,The Nether lands.

SCHEIN E H,1996.Organizational learning:What is new?[R].Cambridge:MIT Sloan.

SENGE P M,2016.The fifth discipline:the art & practice of the learning organization[M].New York:Doubleday.

SHAPPELL S A,DTEWILER C,HOLCONVB K,et al.,2007.Human error and commercial aviation accidents:an analysis using the human factors analysis and classification system[J]. Human Factors:The Journal of Human Factors and Ergonomic Society,49(2):227-242.

SHAPPELL S A,WIEGMANN D A,2000.The human factors analysis and classification system——HFACS[R]. Washington DC:Federal Aviation

Administration.

SHAPPELL S A,WIEGMANN D A,2003.A human error analysis of general aviation controlled flight into terrain accidents occurring between 1990—1998[M]. Washington,DC:Federal Aviation Administration.

SIMON H,1997.Administrative behavior:a study of decision-making processes in administrative organization[M].New York:Free Press.

SNOOK S A,2000.Friendly fire,the accidental shootdown of US black hawks over northern Irak[M].Princeton:Princeton University Press.

STANTON N A,2006.Error taxonomies[M]//Karwowski W.International encyclopedia of ergonomics and human factors.Boca Raton:CRC Press.

STRAYER D L,COOPER J M,TURRILL J,et al.,2017.The smartphone and the driver's cognitive workload:a comparison of Apple,Google,and Microsoft's intelligent personal assistants[J].Canadian Journal of Experimental Psychology/Revue Canadienne de Psychologie Experimentale,71(2):93-110.

SUTCLIFFE K M,2011.High reliability organizations(HROs)[J].Best Practice & Research Clinical Anaesthesiology,25(2):133-144.

SUTCLIFFE K M,VOGUS T J,DANE E,2016.Mindfulness in organizations:a cross-level review[J].Annual Review of Organizational Psychology and Organizational Behavior,3(1):55-81.

TASCA G A V,2021.Twenty-five years of group dynamics:theory,research and practice:introduction to the special issue[J].Group Dynamics:Theory,Research,and Practice,25(3):205-212.

TORENVLIET G L,VICENTE K J,2006.Ecological interface design—theory [M]//Karwowski W.International encyclopedia of ergonomics and human factors. Florida:CRC Press.

TOWNSEND J T,ROOS R N,1973.Search reaction time for single targets in multiletter stimuli with brief visual displays[J].Memory & Cognition(1):319-332.

TRIST E L,BAMFORTH K W,1951.Some social and psychological consequences of the longwall method of coal-getting:an examination of the psychological situation and defences of a work group in relation to the social structure and technological content of the work system[J].Human Relations,4(1):3-38.

TURNER B A,1978.Man-made disaster[M].London:Wykeham Publications.

TURNER B,PIDGEON N,1999.Man-made disaster:the failure of foresight[J].Risk Management,1(1):73-75

U.S.NUCLEAR REGULATORY COMMISSION,2002.Review of finding for human performance contribution to risk in operating events[R].Washington DC: Nuclear Regulatory Commission.

VARSHNEY K R,2016.Engineering safty in machine learing[C].New York: IEEE.

VAUGHAN D,1996.The challenger launch decision:risky technology,culture and deviance at NASA[M].Chicago:University of Chicago Press.

VIERENDEELS G,RENIERS G,VAN NUNEN K,et al.,2018.An integrative conceptual framework for safety culture: the Egg Aggregated Model(TEAM) of safety culture [J].Safety Science,103(3):323-339.

VOGUS T J,SUTCLIFFE K M,2012.Organizational mindfulness and mindful organizing:a reconciliation and path forward[J].Academy of Management Learning & Education,11(4):722-735.

WEICK K E,1979.Social psychology of organizing[M].New York:McGraw-Hill.

WEICK K E,2015.Positive organizing and organizational tragedy[M]//Weick K.E.Making sense of the organization.Chichester:John Wiley & Sons Ltd.

WEICK K E,PUTNAM T,2006.Organizing for mindfulness:eastern wisdom and Western knowledge[J].Journal of Management Inquiry,15(3):275-287.

WEICK K E,ROBERTS K H,1993.Collective mind in organizations:Heedful interrelating on flight decks[J].Administrative Science Quarterly,381(3):357-381.

WEICK K E,SUTCLIFFE K M,OBSTFELD D,1999.Organizing for high reliability: Processes of collective mindfulness [J]. Research in Organizational Behavior(21):81-123.

WEICK K,1993.The collapse of sensemaking in organisation:the Mann Gulch disaster[J].Administrative Science Quarterly,38(4):628-652.

WHITMAN Z R,KACHALI H,ROGER D,et al.,2013.Short-form version of the Benchmark Resilience Tool(BRT-53)[J].Measuring Business Excellence,17(3):3-14.

WICKENS C D,HELTON W S,HOLLANDS J G,et al.,2021.Engineering psychology and human performance[M].New York:Routledge.

WIEGMANN D A, SHAPPELL S A, 2001. Human error perspectives in aviation[J].The International Journal of Aviation Psychology,11(4):341-357.

WIEGMANN D A, SHAPPELL S A, 2003. A human error approach to aviation accident analysis:the human factors analysis and classification system[M].London:Routledge.

WIEGMANN D,ZHANG H,THADEN T V,et al.,2002.A synthesis of safety culture and safety climate research[R].Chicago:University of Illinois, Aviation Research Lab.

WIENEN H C A,Bukhsh F A,Vriezekolk E,et al.,2017.Accident analysis methods and models: a systematic literature review [R]. Berlin: Centre for Telematics and Information Technology.

WILSON J Q, KELLING G L, 1982. Broken windows: the police and neighborhood safety[J].The Atlantic Monthly(3):29-42.

WOODS D D, HOLLNAGEL E, 2006. Prologue: resilience engineering concepts[M].Farnham:Ashgate Publishing.

WORLD COMMISSION ON ENVIRONMENT AND DEVELOPMENT, 1987.Our common future[M].Oxford:Oxford Clniversity Press.

WORLD HEALTH ORGANIZATION AND INTERNATIONAL LABOUR ORGANIZATION,2021.WHO/ILO joint estimates of the work-related burden of disease and injury, 2000—2016: global monitoring report [M]. Geneva: World Health Organization and International Labour Organization.

WU S,HRUDEY S E,FRENCH S,2009.A role for human reliability analysis has a role in preventing drinking water relations[J].Water Research,43(13):3227-3238.

ZECKHAUSER R J,VISCUSI W K,1990.Risk within reason[J].Science,248(4955):559-564.

ZOHAR D, 1980. Safety climate in industrial organizations: theoretical and applied implications[J].Journal of Applied Psychology,65(1):96-102.